LIVRES ANCIENS

ET

MODERNES

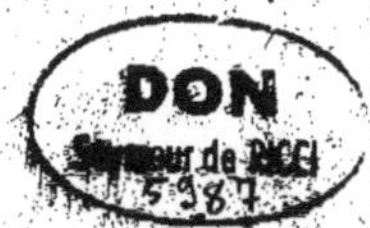

LA VENTE AURA LIEU

du Lundi 12 au Mercredi 14 Décembre 1921

A 2 heures précises

HOTEL DES COMMISSAIRES-PRISEURS, 9, RUE DROUOT

SALLE N° 8

Par le ministère de Mᵉ **F. LAIR DUBREUIL**, commissaire-priseur

6, RUE FAVART, 6

Et de Mᵉ **EDOUARD GIARD**, son confrère

50, RUE SAINTE-ANNE, 50

Assistés de **M. HENRI LECLERC**, libraire

219, RUE SAINT-HONORÉ, 219
ET 16, RUE D'ALGER

VOIR L'ORDRE DES VACATIONS A LA FIN DU CATALOGUE

CONDITIONS DE LA VENTE

La vente se fait au comptant.

Les adjudicataires paieront 12,50 pour 100 en sus des enchères pour les livres modernes non soumis à la taxe de luxe et 17,50 pour 100 pour ceux soumis à cette taxe et pour les livres anciens.

Les livres vendus devront être collationnés dans les vingt-quatre heures de l'adjudication. Passé ce délai, ils ne seront repris pour aucune cause.

M. LECLERC se réserve la faculté, dans l'intérêt de la vente, de réunir ou de diviser les numéros du catalogue. Il remplira les commissions qu'on voudra bien lui confier.

CATALOGUE

DE

LIVRES ANCIENS

(LIVRES ILLUSTRÉS DES XVIIe ET XVIIIe SIÈCLES)

ET DE

LIVRES MODERNES

AUTEURS CONTEMPORAINS EN ÉDITIONS ORIGINALES
LIVRES ILLUSTRÉS

PROVENANT DE LA BIBLIOTHÈQUE

DE FEU M. AUGUSTE MICHOT

Secrétaire de la Société des Bibliophiles et Iconophiles de Belgique.

PARIS
LIBRAIRIE HENRI LECLERC
219, RUE SAINT-HONORÉ, 219
ET 16, RUE D'ALGER

1921

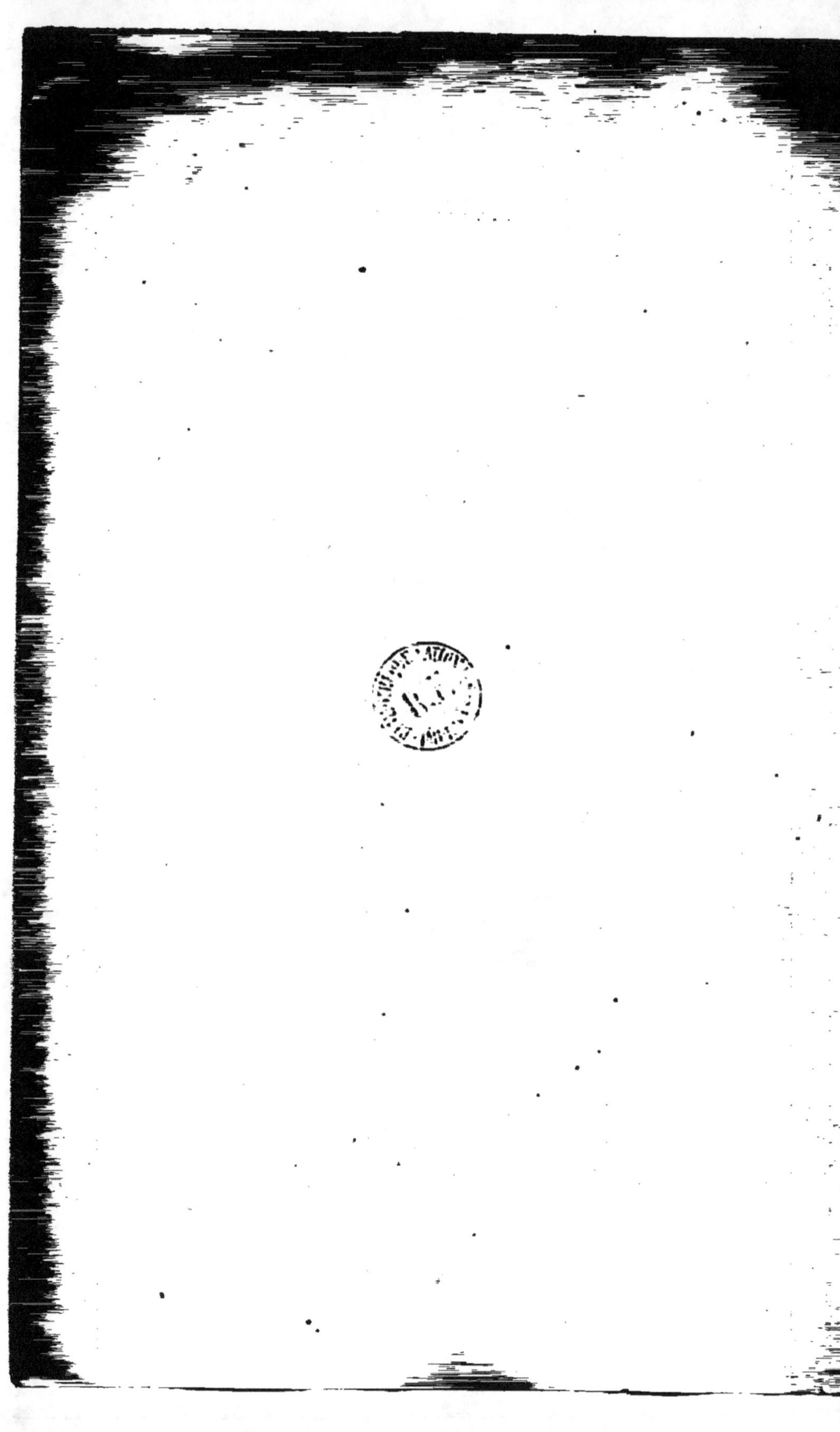

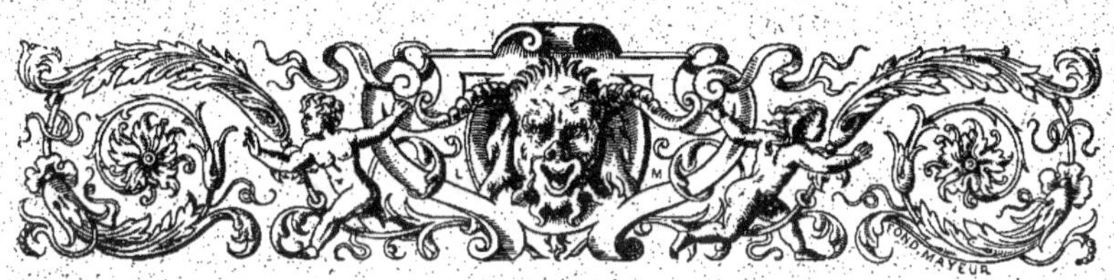

PRÉFACE

C'est avec un sentiment complexe de mélancolie et d'admiration qu'au seuil du catalogue de sa bibliothèque, j'évoque l'ombre élégante et fière de l'esthète raffiné que fut mon ami Auguste Michot.

Esthète ! Beau mot profané, auquel d'aucuns vont jusqu'à prêter une acception injurieuse ! Ne convient-il pas cependant, mieux que tout autre, aux êtres d'élection qui, doués par la nature d'une sensibilité exquise, ont consacré leur vie entière à jouir de la beauté? Auguste Michot fut de ceux-là. Il aimait passionnément la beauté sous toutes ses formes, qu'il la trouvât réalisée dans l'art ou dans la vie. Mais peut-être son goût le plus vif le portait-il vers le beau livre.

Les brillantes études qu'il avait ébauchées dans sa jeunesse et qu'il n'a cessé, jusqu'à la consommation de ses jours, de développer et de parachever, avaient fait de Michot un lettré comme notre époque en connaît peu. Les littératures de l'antiquité n'avaient point pour lui de secret, pas plus que les littératures modernes. Il lisait couramment le grec, le latin, le français, le néerlandais, l'anglais, l'allemand et l'espagnol. Son érudition, qu'il dissimulait avec un tact parfait, était immense. Il aimait le livre pour sa substance intime, pour la portion de pensée humaine qu'il contient. Mais il voulait que la beauté intérieure s'y manifestât au dehors par une parure digne des chefs-d'œuvre.

Michot s'est expliqué lui-même à ce sujet dans un rapport présenté à une assemblée générale statuaire de la Société des bibliophiles et iconophiles de Belgique, société dont il fut un des membres fondateurs. Après avoir analysé la jouissance délicate que procurent la vue, le contact d'un bel objet ancien, il continue en ces termes : « Or de tous ces vestiges admirables ou délicieux du passé il n'en est pas de plus pur et de plus complet que le livre. C'est le bibelot intégral et parfait. Tous les arts sont venus lui apporter leur concours : peintres et graveurs, ciseleurs, joailliers même se sont prodigués pour orner à qui mieux mieux l'œuvre sortie des presses du typographe et habillée par le relieur. Que ce soit ce vêtement de beauté sombre ou éclatante surtout qui séduit et attire, cela n'est pas douteux, et la hausse presque désespérante des reliures le prouve, même si elles n'enveloppent que de misérables écrits.....

« D'aucuns peuvent trouver cela très ridicule », pour citer en l'altérant un peu un vers fameux de F. Coppée ; et soutenir que l'édition importe peu pour goûter Montaigne, Ronsard Racine ou La Fontaine, qu'on peut se délecter même de poésie imprimée sur papier à chandelles et recouverte d'un carton grossier. Ils ont raison à leur point de vue et ils peuvent même invoquer l'exemple de Diogène jetant son écuelle »

On comprend sans peine que l'idéal de Diogène n'était pas du tout celui de Michot qui, s'il s'était servi d'une écuelle, eût souhaité qu'elle fût en or. Il croyait à la vertu efficiente du beau, et notamment que le beau livre imposait au bibliophile illettré, au collectionneur de reliures, le respect et bientôt l'amour de la belle prose et des beaux vers. En cela, comme en toute chose, il était un apôtre, avide de répandre autour de lui la bonne semence.

Cette tendance à l'apostolat est flagrante chez lui, depuis l'âge de ses débuts dans la vie. Il hésite entre plusieurs professions, tâte l'une puis l'autre, la médecine, l'armée, se décide enfin pour la plus active de toutes, celle qui lui permettra d'exercer le mieux sa faculté maîtresse : le professorat.

Bibliophile, Michot brûle du même feu de charité spirituelle qui l'amène en chaire, ou à la tête de l'Institut qu'il a créé avec son ami Mongenast. Il exalte la passion du livre comme un principe et un agent de culture et de moralité générale. Il ouvre à tout venant sa bibliothèque, heureux d'en faire les honneurs et d'en souligner les beautés. Je le revois dans son vaste et luxueux cabinet de travail de la rue des Champs-Élysées, à Bruxelles, debout devant ses précieuses armoires, en tirant avec précaution son beau J.-J. Vadé, *Œuvres poissardes*, éd. 1796, son Florian, *Galatée*, 1793, éd. ornée de gravures en coul., son La Fontaine, *Amours de Psyché et de Cupidon*, 1791, son Boccace, *Le Décameron*, 1757, son Molière, *Œuvres comp.*, 1734. Sa collection d'auteurs français modernes était très complète, A. France, Claudel, Renard, de Régnier, de Gourmont, Samain, Barrès, Mirbeau, Verhaeren, Maeterlinck, etc. Parmi ces livres modernes, que son ami l'habile relieur De Samblanx avait parés avec amour, un des plus caractéristiques est, *Een Mei van Vroomheid*, de Moritz Sabbe, édité pour lui en un exemplaire unique, avec des aquarelles superbes de Geudens, un de nos bons peintres belges. Avant d'ouvrir ses ouvrages et d'en faire admirer le papier, la typographie, les gravures, les lettrines et culs-de-lampe, il les caressait doucement de ses longues mains pâles, de ses mains patriciennes, et un éclair de volupté brillait dans ses yeux.

Certes jamais bibliothèque dispersée au vent des enchères ne fut réunie avec plus de patience éclairée et ne procura à son premier possesseur une joie plus intelligente et plus subtile. Que les amateurs qui vont se disputer ces beaux livres et qui les emporteront ensuite jalousement chez eux, regardent leurs acquisitions comme des sortes d'accumulateurs spirituels où une grande âme a laissé quelque chose d'elle-même. Et chaque fois qu'il leur arrivera de prendre en mains un livre provenant de l'héritage d'Auguste Michot, qu'ils songent un instant avec sympathie à ce grand ami du Livre, qui fut aussi un amant fervent de la vie et de la beauté.

Georges Rency.

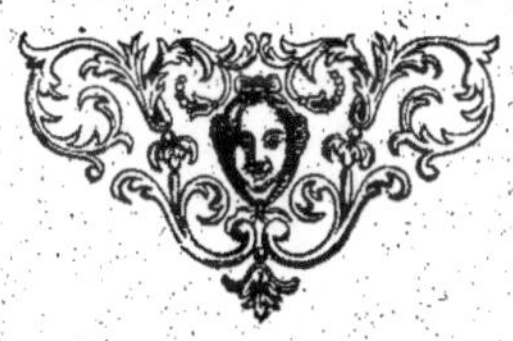

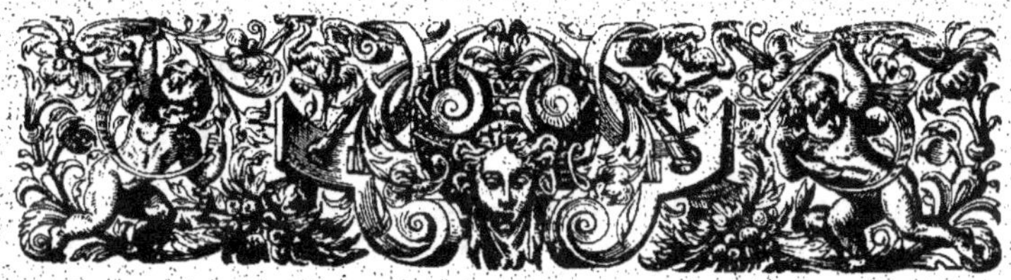

LIVRES ANCIENS

1. ALMANACH. Groote oprechte Comptoir Almanach nae de Nieuwe en Oude Stijl, opt Iaer nae de gheboorte ons Heeren Jesu Christi, 1669... *Amsterdam, Bouman*, 1669, in-4 de 16 ff. non chiff., car. rouges et noirs, fig., broché, dans un étui.

13 figures gravées sur bois dont une sur le titre.
Exemplaire interfolié de papier blanc portant des notes manuscrites de l'époque.

2. ALMANACHS ILLUSTRÉS. Réunion de 4 vol. in-18 et in-24, fig., dont un relié et les autres cartonnés.

Les Délices de Cérès, de Pomone et de Flore. *Paris, Desnos* (1774), in-18, front. et 12 fig., mar. rouge ancien, fil., tr. dor. (Reliure fatiguée ; feuillets doublés ; figures grossièrement enluminées). — L'Abeille des Dames. *Paris, Le Fuel* (1818), in-18, front. et 15 fig. coloriés, cartonn. original, dans un étui (Le dos manque). — Le Petit Chansonnier des Desserts. *Paris, Le Fuel* (1819), in-24, 5 fig., cartonn. original, dans un étui. — Les Roses du Vaudeville. *Paris, Le Fuel* (1825), in-18, front. et 10 fig. coloriés, cartonn. original illustré (dos brisé).

3. APOLOGIE ofte Verantwoordinghe des Doerluchtighen ende Hooghgheborenen Vorsts ende Heeren, Heeren Wilhelms van Godes ghenade Prince van Orangien... Teghen den Ban ofte Edyct by forme van Proscriptie ghepubliceert by den Coningh van Spaegnien... (A la fin) *Tot Leyden, by Charles Silvius*, 1581, in-4 goth., cartonn. dos de vélin.

Édition originale du texte hollandais de la réponse de Guillaume d'Orange à Philippe II qui l'année précédente avait lancé un édit autorisant « chacun à l'oster du monde comme peste publique ». Elle fut rédigée par Pierre Loyseleur, dit de Villiers, secrétaire du prince, puis revue et modifiée par Hubert Languet.

4. **ARIAS MONTANUS.** Humanæ salutis monumenta B. Ariæ Montani studio constructa et decantata. *Antverp., ex prototypographia regia. Christoph. Plantinus*, 1571, gr. in-8, fig., veau marb., dos orné, tr. dor. (*Rel. anc.*).

Bel ouvrage orné d'un frontispice, d'un portrait du Christ et de 70 figures représentant des scènes de l'ancien et du nouveau Testament.

Le frontispice et les bordures sont gravés par *Pierre Huys*, les les autres figures par *Pierre van der Borcht*, *A. de Bruyn* et *J. Wieriz*.

5. **BARTHOLOMÆUS BRIXIANUS.** Casus decretorum Bar||tholomei Brixiensis.|| (A la fin :) *Casus decreti. Bartholomei Brixieñ in vr||be Basilien. per Nicolaum Kesler civem ejus||dem studiosissime impressi finiunt feliciter. v.|| Idus Augusti. Anno salut. millesimo quadrin||gentesimo octuagesimo nono*||. (1489), in-fol., goth., de 190 ff. non chiff. à 2 colonn., vélin, comp. estampés à froid, tr. vertes (*Rel. anc.*).

Hain, 2472. — Proctor, 7674.
Marque de l'imprimeur au dernier feuillet.
Initiales peintes en rouge et en bleu.

6. **BAUDOUIN** (Jean). Iconologie, ou Explication nouvelle de plusieurs images, emblèmes, et autres figures hyeroglipliques des Vertus, des Vices, des Arts, des Sciences, des Causes naturelles, des Humeurs differentes et des passions humaines... Tirée des recherches et des figures de César Ripa, moralisées par J. Baudoin. *Paris, Mathieu Guillemot*, 1644, in-fol., front. et fig., chag. violet, fil. et comp. dorés, dos orné, tr. rouges.

Nombreuses figures en médaillons gravées sur cuivre.

7. **BERQUIN.** Idylles, par M. Berquin (*Paris, Ruault*, 1775), 2 vol. — Romances, par M. Berquin. *Paris, Ruault*, 1776. Ens. 3 vol. in-12, fig., veau marbré, fil., dos ornés, tr. dor., dans un étui (*Rel. anc.*).

Frontispice et 24 figures par *Marillier* pour les *Idylles* ; frontispice et 6 figures par le même pour les *Romances*, plus 6 ff. de musique gravée.

Exemplaire sur PAPIER DE HOLLANDE contenant toutes les figures en épreuves AVANT les numéros.

Le faux titre du premier volume des *Idylles* est collé contre le feuillet de garde.

8. BIBLE (La Sainte), contenant l'ancien et le nouveau Testament, traduite en françois sur la Vulgate par M. Le Maistre de Saci. Nouvelle édition, ornée de 300 figures, gravées d'après les dessins de M. Marillier. *Paris, Defer de Maisonneuve, de l'Impr. de Monsieur*; 1789-*an XII* (1804), 12 vol. gr. in-8, fig., demi-rel. veau rouge, dos ornés, non rognés (*Rel. de l'époque*).

300 figures par *Marillier* et 1 carte pliée.
BEL EXEMPLAIRE.

9. BIBLIA. Libri Josue, Judicum, Ruth, Regum. *Romæ, sumptibus Andreæ Brugiotti*, 1624, in-16, réglé, titre encadré, mar. brun, fil. et comp., angles et milieu à petits fers, dos orné, tr. dor. (*Rel. anc.*).

10. **BOCCACE.** Le Decameron (traduit par Ant. Le Maçon). *Londres* (*Paris*), 1757-1761, 5 vol. in-8, portrait, front., fig. et culs-de-lampe, mar. rouge, large dent. à l'oiseau, dos ornés, dent. int., tr. dor., dans un étui (*De Samblanx*).

5 frontispices, 1 portrait, 110 figures et 97 culs-de-lampe par *Gravelot, Boucher, Cochin* et *Eisen*.
Les figures de cet exemplaire sont du PREMIER TIRAGE et pour la plupart avec le paraphe ; quelques-unes sont un plus courtes que le texte.

11. BOISSARD (J.-J.). Icones virorum illustrium doctrina et eruditione præstantium, ad vivum effictæ, cum eorum vitis descriptis a Jan. Jac. Boissardo Vesunti. Omnia recens in æs artificiose incisa et demum foras data per Theodorum de Bry, Leodien. civem. *Francofurti*, 1597-1598, 2 parties en 1 vol. in-4, portr., vélin à recouvrements, fil. (*Rel. anc.*).

Les deux premières parties de cet important ouvrage, renfermant : la première, 1 frontispice et 50 portraits et la seconde 1 frontispice et 49 portraits, le tout gravé par *Théodore de Bry*.
Exemplaire du PREMIER TIRAGE, portant le timbre de la Bibliothèque du Roi LOUIS-PHILIPPE, à Neuilly.

12. BONARELLI (Prospero). Il Solimano, tragedia. (A la fin :) *In Firenze, nella Stamp. di Pietro Cecconcelli*, 1620, in-4, front. et pl., vélin blanc (*Claessens*).

Cette pièce est ornée d'un frontispice et de 5 planches sur double page gravés par *Jacques Callot* et qui se trouvent ici, en PREMIER TIRAGE (Meaume, 434-439).
La marge inférieure du frontispice est refaite et les planches sont un peu plus courtes que le texte.

13. **BRANDT** (Séb.). Stultifera Navis.|| Narragonice pfectionis nunqz|| satis laudata Navis : per Sebastianū Brant : vernaculo vul||garisqz sermone et rhythmo... Atqz jampridem per Jacobum Locher cognomēto Philomusum : Suevū : in latinū traducta eloquiū : et per Sebastianū Brant : denuo seduloqz revisa : foelici exorditur principio. (A la fin, au verso du f. cxxxxv :)... *In laudatissima Germanie urbe Basiliensi nup opa et pmotione Johannis Bergman de Olpe, anno salutis nre Millesimoquadringentesimononagesimoseptimo* (1497). *Kalendis Martiis*. in-4 goth. de 145 ff. chiff. et 3 ff. non ch. pour la table, fig., ais de bois recouverts de peau de truie, comp. estampés à froid, tr. bleues, traces de fermoirs (*Rel. anc.*).

Première édition latine, très rare et recherchée. Elle est ornée de 118 curieuses figures gravées sur bois.

Marque de Jean Bergmann au verso du dernier feuillet du texte.

Hain, 3746. — Proctor, 7776.

L'exemplaire est court en tête, la pagination est souvent atteinte.

14. **BREDERODE** (G.-A.). Boertigh, amoreus, en aendachtigh groot Lied-boeck van G. A. Brederode, Amsteldammer. Verçierd mot vele Klinckers, oock Bruyds-lof en Klaeg-Dichten. Doormengeld met sinrijcke Beeltenissen. Alles tot vermaeck en nut der Ieughet, sampt allen Lievers des Rijmkonst. *T'Amstelredam, voor Cornelis Lodowijcksz vander Plasse*, 1622. 3 parties en 1 vol. in-4 oblong, car. goth. et ronds, de 16 ff. prélim., 119 pp. (chiff. 1-111), 103, 62 pp. chiff. et 1 f. non chiff., figures, vélin, orné à froid de comp. de fil., milieu et fleurons, tr. jasp. (*Rel. anc.*).

Un des plus beaux chansonniers hollandais, orné d'un portrait par *Hessel Gerritsz*, d'un frontispice et de 20 belles figures, gravées par *Jan van de Velde, M. Le Blon, P. Serwouter* et autres.

Bel exemplaire, malgré un petit trou dans le titre.

15. **CALLOT** (Jacques). Les Misères et les Mal-heurs de la Guerre, representez par Jacques Callot, noble Lorrain, et mis en lumière par Israël son amy. *Paris*, 1633. 18 pl. dans un album in-4 oblong, demi-rel. mar. La Vall. (*A. de Decker-Lemaire*).

Meaume, 564-581.

Épreuves du second état, sans marges. Raccommodages à quatre d'entre elles.

16. **CALLOT** (Jacques). Les Gueux. Suite de 23 figures (sur 25), in-8, cartonn. dos de mar. brun à longs grains.

Meaume, 685-709.

Copies anciennes sans marges. Le frontispice et la dernière planche manquent.

17. CAMERARIUS (J.). Joachimi Camerarii medici V. Cl. Symbolorum et emblematum centuriae tres. I. Ex herbis et stirpibus. II. Ex animalibus quadrupedibus. III. Ex volatilibus et insectis. Editio secunda, auctior et accuratior. Accessit noviter centuria. IV. Ex aquatilibus et reptilibus. *S. l.* (Norimbergae), *typis Voegelinianis*, 1605, 4 parties en 1 vol. in-4, mar. rouge, pet. dent., dos orné, dent. int., tr. dor. (*Rel. anc.*).

Chaque partie a un titre particulier ; le volume contient 400 planches d'emblèmes gravées.

Les titres et les planches ont été, anciennement, très finement coloriés ; ils sont rehaussés d'or et d'argent.

18. CAMPHUYSEN (D.-R.). Stichtelycke Rymen, om te lesen ofte singhen. Onderscheyden in III. deelen. Op nieuws over-sien en grootelijckx vermeerdert | oock de Noten van Druck-fauten ghecorrigeert | en verrijckt met vele copere Figuren. *Tot Amsterdam, by Jacob Colom. Anno 1647*, pet. in-4 oblong, de 4 ff. prélim., 326 pp. chiff., 1 titre entre les pp. 128 et 129, et 3 ff. de table, figures, musique notée, mar. rouge, dent., semis de molettes d'éperons, grand fleuron à petits fers aux angles, milieu de feuillage, dos orné, dent. int., tr. dor. (*De Samblanx*).

Recueil de chansons morales et religieuses, orné d'un grand nombre de figures gravées sur cuivre par *F. Allen*. Les figures des pages 120 et 144 sont signées.

Musique notée.

Riche reliure.

19. CATS (Jacob). Spiegel van den Ouden ende Nieuwen Tijdt, bestaende uyt Spreeck-woorden ende Sin-spreucken, ontleent van de voorige ende jegenwoordige Eeuwe, verlustigt door menigte van Sinne-beelden, met Gedichten en Prenten daer op passende... door J. Cats. *In S'Graven-Hage, by Isaac Burchoorn*, 1632, 5 parties en 1 vol. in-4, fig., veau brun, dos orné (*Rel. anc.*).

Édition originale ornée de nombreuses figures gravées par *G. Hondius, Th. Matham, A. Stockius*, etc., d'après *A.-V. Venne* et autres. Elles sont fort intéressantes pour les costumes et les scènes d'intérieur.

Raccommodages à l'angle inférieur de quatre feuillets.

20. CHANSONS, avec les airs notés. In-4, mar. rouge, larges dent., dos orné, dent. int., tr. dor., étui (*De Samblanx*).

Manuscrit du xviie siècle, sur vélin, très soigneusement calligraphié en belle bâtarde. Il se compose de 12 ff. de chansons et de 9 ff. de dessins (portraits et costumes), exécutés d'un seul trait de plume.

21. **COLARDEAU.** Œuvres. *Paris, Ballard* et *Le Jay*, 1779. 2 vol. in-8, fig., veau marbr., dos ornés, tr. rouges (*Rel. anc.*).

Portrait et 11 figures par *Monnet*.

22. **DELILLE** (G.). Œuvres. Nouvelle édition. *Paris, Michaud*, 1824. 16 vol. gr. in-8, fig., demi-rel. mar. rouge, dos ornés, non rognés (*Ginain*).

1 portrait et 18 figures par *Desenne, Devéria, Gérard, Girodet* et *Moreau*.

Bel exemplaire imprimé sur **grand papier jésus vélin**, contenant les figures en épreuves avant la lettre sur Chine.

On y a ajouté plus de 400 figures et portraits par *Marillier, Moreau, Zocchi, Johannot*, etc., la plupart en épreuves de choix : avant la lettre, sur Chine, à l'état d'eaux-fortes, etc., plus les dessins originaux à l'encre de Chine par *Cazenave*, des portraits de Delille et de Milton.

De la bibliothèque Emmanuel Martin.

23. **DESCAMPS** (J.-B.). La Vie des Peintres flamands, allemands et hollandais, avec des portraits gravés en taille-douce, une indication de leurs principaux ouvrages, et des réflexions sur leurs différentes manières, par M. J.-B. Descamps. *Paris, Jombert*, 1753-1764. 4 vol. in-8, portr., veau écaille, fil., dos ornés, tr. dor. (*Rel. anc.*).

Fronstispice, 168 portraits et 2 vignettes par *Descamps, Eisen* et *Campion*

24. **DU CHOUL** (Guillaume). Discorso del S. Guglielmo Choul, gentilhuomo Lionese... sopra la Castrametatione et Bagni antichi de i Greci et Romani. Et una informatione della militia Turchesca et de gli habiti de soldati Turchi, scritta da M. Francesco Sansovino. *Vinegia, Altobello Salicato*, 1582, pet. in-8, car. ital., fig., veau fauve, fil., dos orné, tr. dor. (*Lewis*).

La *Castrametatione* est ornée de 43 figures et la *Militia Turchesca* de 14 figures gravées sur bois.

25. **DUCIS** (J.-F.). Œuvres, précédées d'un avertissement par M. Auger. *Paris, Nepveu*, 1827, in-8 à 2 col., portrait, veau bleu, comp. de fil. dor. avec fleurons, plaque goth. frappée à froid, dos orné, dent. int., tr. dor. (*Thouvenin*).

Edition compacte imprimée en petits caractères.
Reliure très fraîche.

26. **DU MOULIN** (Ch.). Tractatus commerciorum et usurarum, redituumque pecunia constitutorum et monetarum, cum nova

et analytica explicatione... Authore Carolo Molinæo, jurecons. Parisiensi... *Lugduni, apud Jacobum Boyerium*, 1558, in-8, peau de truie, dos et plats estampés à froid, tr. bleues (*Rel. anc.*).

Reliure datée de 1562 portant sur les plats les figures de la Justice et de la Chasteté.

27. DU ROSOI. Les Sens, poëme en six chants (par Du Rosoi). *A Londres* (*Paris*), 1766. in-8, fig., mar. rouge, larges dent., dos orné, dent. int., tr. dor. (*De Samblanx*).

7 figures, 6 vignettes et 2 culs-de-lampe par *Eisen* et *de Wille*, plus 2 pages de musique gravée.

28. ÉTRENNES INTÉRESSANTES des quatre parties du monde... pour l'année bissextile 1784. *Paris, Langlois, Deschamps* (1784), in-18, 2 cartes pliées, mar. rouge, fil., montgolfière au centre des plats, dos orné, tr. dor. (*Rel. anc.*).

Curieuse et très fraîche reliure « au ballon ».

29. EVERARD DE MIDDELBOURG. Clarissimi viri domini Nicolai Evcrardi de Middelburgo... topicorū seu de locis legalibus Liber. *Venundantur Lovanii in ædibus Theodorici Martini Alustensis...* (A la fin :) *Theodoricus Martinus Alustēsis imprimebat... cum Henrico Eckert ab Humburch, communibus. Anno millesimo quingentesimo decimo sexto a Natali Christiano, Mense Februario* (1516), in-fol. goth. à 2 col., 6 ff. prélim., 108 ff. ch., 14 ff. de table non chiff., titre imprimé en rouge et noir, lettres ornées, peau de truie estampée à froid, tr. jaspées (*Claessens*).

Edition originale de ce traité d'interprétation du droit civil.
Marque de Théodore Martin d'Alost sur le titre.
Annotations manuscrites de l'époque et très légères piqûres de vers en marge de quelques feuillets.

30. FABLIAUX ou Contes, fables et romans du XIIe et du XIIIe siècle, traduits ou extraits par Legrand d'Aussy. Troisième édition, considérablement augmentée. *Paris, Renouard*, 1829, 5 vol. in-8, fig., demi-rel. mar. vert à longs grains, fil., têt. dor., non rognés (*Rel. anglaise de l'époque*).

17 figures (sur 18) gravées sur acier d'après *Moreau* et *Desenne*.
Légères piqûres d'humidité.

31. FAVART. Théâtre de M. Favart, ou Recueil des comédies, parodies et opéra-comiques qu'il a donnés jusqu'à ce jour, avec

les airs, rondes et vaudevilles notés dans chaque pièce. *Paris, Duchesne*, 1763-1772, 10 vol. in-8, fig., veau fauve, petites dent., dos ornés, tr. rouges (*Rel. anc.*).

2 portraits (Favart et Mme Favart), 6 figures par *Boucher*, *Cochin*, *Eisen* et *Gravelot* (sur 11), plus de nombreuses planches de musique gravée.

On y a ajouté : Mémoires et Correspondances littéraires, dramatiques et anecdotiques de C.-S. Favart. *Paris, Collin*, 1808, 2 vol. in-8, dos de basane fauve.

32. **FLAMEN** (Albert). Devises et Emblesmes d'amour moralisez (gravés par Albert Flamen, peintre). *Paris, O. de Varennes*, 1658, pet. in-8, fig., vélin (*Rel. anc.*).

50 gravures à l'eau-forte par *Louis Boissevin* d'après *Albert Flamen*.
Première édition avec un titre renouvelé ; le frontispice porte la date de 1653.

33. **FLORIAN.** Galatée, roman pastoral, imité de Cervantès par M. de Florian. Edition ornée de figures en couleur, d'après les dessins de M. Monsiau. *Paris, Defer de Maisonneuve*, 1793, in-4, fig., cartonn. original, non rogné.

4 figures de *Monsiau*, gravées par *Cazenave* et *Colibert* et imprimées en couleurs.
Exemplaire non rogné, contenant les figures avant la lettre.

34. **FONTENELLE.** Œuvres diverses. Nouvelle édition, augmentée et enrichie de figures gravées par Bernard Picart le Romain. *A La Haye, chez Gosse et Neaulme*, 1728, 3 vol. in-fol., fig., veau fauve, dos ornés, tr. marb., dans des étuis (*Rel. anc.*).

6 frontispices ou figures et 174 vignettes et culs-de-lampe par *Bernard Picart*.
Exemplaire sur grand papier, avec le texte encadré, portant sur les plats de la reliure les armes du Prince d'Aremberg.

35. **GALERIE THÉATRALE**, ou Collection des portraits en pied des principaux acteurs des trois 1ers théâtres de la Capitale. Gravé par les plus célèbres artistes. *Paris, Bance, s. d.* (1812), in-4, dos et coins de mar. rouge à longs grains, fil., dos orné, tr. dor.

Titre et réunion de 95 planches (sur 144), sans texte.
Epreuves coloriées. — Une planche est remontée.

36. **GALLE** (Théodore). Typus occasionis, in quo receptæ commoda, neglectæ vero incommoda, personato schemate propo-

nuntur. *Antverpiæ, delineabat et incidebat Theodorus Gallæus* 1603, in-8, mar. bleu, comp. de fil. avec fleurons aux angles dos orné, dent. int., tr. dor. (*De Samblanx*).

Suite de 1 frontispice, 1 feuillet gravé et 12 planches par *Théodore Galle.*

37. GELLERT (C.-F.). Fabelen en vertelsels. — Suite de 1 titre-frontispice et 149 figures in-8, demi-rel. dos et coins de veau fauve, dos orné (*Rel. anc.*).

Epreuves AVANT LA LETTRE tirées in-4 sur papier de Hollande et NON ROGNÉES.

Les titres des fables ont été mis à l'encre ou au crayon sur 14 planches.

38. GESSNER. Mort d'Abel, poëme, traduit par Hubert. Edition ornée d'estampes imprimées en couleur, d'après les dessins de M. Monsiau. *Paris, Defer de Maisonneuve*, 1793, gr. in-4, fig., mar. rouge, dent. et comp. avec petites rosaces de mar. vert aux angles, dos orné, dent. int., tête dor., non rogné, étui (*De Samblanx*).

Frontispice et 5 figures par *Monsiau*, gravés par *Cazenave, Clément* et *Colibert* et imprimés en couleurs.

Exemplaire NON ROGNÉ, contenant les figures en épreuves AVANT les numéros.

39. GESSNER. Œuvres de Salomon Gessner. *Paris, Ant.-Aug Renouard, an VII*-1799, 4 vol. in-8, fig., veau racine, dos ornés fil., dent. int., tr. dor. (*Rel. anc.*).

3 portraits et 48 figures par *Moreau.*

Exemplaire imprimé sur PAPIER VÉLIN.

40. GILLE (R.-P. Paris). Novum tres inter deas Junonem, Venerem et Palladem Paridis judicium, in quo denuo expositum pomum, post habitis cæteris, soli decernitur optimæ, emblematice sub oculos datum per R. P. Paridem Gille. *Salisburgi, Mayr*, 1694, 3 parties en 1 vol. in-fol., veau brun, dos orné (*Rel. anc.*).

2 frontispices, 3 titres gravés et 101 planches emblématiques gravées par *P. Kilian* d'après *Nypoort.*

41. GOMBERVILLE (de). Le Théâtre moral de la vie humaine, représentée en plus de cent tableaux divers, tirez du poëte Horace, par le sieur Otho Venius et expliquez en autant de

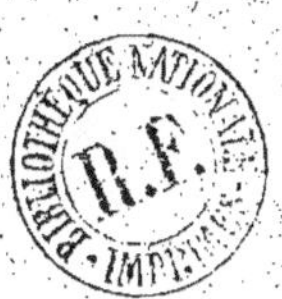

discours moraux par le sieur de Gomberville. Avec la Table du philosophe Cebes. *Bruxelles, Foppens*, 1672, in-fol., pl., demi-rel. veau marbré.

Portrait d'Otho Vænius, 103 planches ayant déjà servi à l'illustration des *Horatii Emblemata* et une grande planche pliée représentant la *Table de Cebes*.

42. GOMBERVILLE (de). Le Théâtre moral de la vie humaine... *Bruxelles, Foppens*, 1678, in-fol., pl., vélin, fil., comp. et milieu à froid (*Rel. anc.*).

Mêmes figures que pour l'édition précédente.
Exemplaire incomplet des deux premières planches et de celle représentant la *Table de Cebes*.

43. GRAFFIGNY (Mme de). Lettres d'une Péruvienne, traduites du français en italien, par M. Deodati. *A Paris, de l'Imp. de Mignerel*, 1797, gr. in-8, fig., cartonn. original, ébarbé.

Portrait de l'auteur gravé par *Gaucher* et 6 figures par *Le Barbier*.
Exemplaire imprimé sur **grand papier vélin** contenant les figures en épreuves AVANT la lettre.

44. HEINSIUS (Daniel). Dan: Heinsii Nederduytsche Poemata, by een vergadert en uytgegeven door P. S. *Amsterdam, Janssen*, 1616, 2 parties en 1 vol. in-4, frontispice et fig., vélin, fil. (*Rel. anc.*).

PREMIÈRE ÉDITION de ces poésies ornées de jolies petites figures gravées sur cuivre pour le *Domaine de Cupidon* et les *Hymnes à Bacchus*; elles peuvent être attribuées à *Crispin de Pas*.
Quelques petites taches.

45. HEUMEN (Jean van). De Mediterende Dyyf: over Alle de Sondagen ende Heylighe Dagen... Gemaeckt door den seer Eerwaerdigen Heer H. Joannes van Heumen. *Antwerpen, Woons*, 1658, pet. in-12, car. goth., mar. bleu, comp. avec angles ornés, milieu, dos orné, dent. int., tr. dor., étui (*De Samblanx*).

On a ajouté à cet exemplaire 18 figures gravées par *Cnobbart, G. Collaert, J. Hubert, Abr. van Merlen*, etc., tirées sur vélin, coloriées et rehaussées d'or.

46. HEURES DE NOSTRE DAME, à l'usage de Rome, en françois, nouvellement imprimées, reveuës et corrigées de nouveau, par M. R. Benoist, docteur en la Faculté de Théologie, et curé de S. Eustache à Paris *A Paris, chez Guill. de la Noue*, 1600, in-16, impression rouge et noire, vign. sur bois, plats recou-

verts d'étoffe tissée d'argent et de soie, fermoirs en filigrane d'argent, tr. dor. (*Rel. anc.*).

Petites figures gravées sur bois.

47. HILLESHEIM (Lud.). Sacrarum Antiquitatum Monumenta, patriarcharum, regum, prophetarum, et virorum vere illustrium veteris Testamenti, imaginibus et elogiis apparata atque inscripta, auctore Ludovico Hillessemio, Andernaco. *Antverpiæ, ex off. Chr. Plantini*, 1577, in-8, fig., mar. brun jans., dent. int., tr. dor. (*Reymann*).

Ouvrage orné du portrait de l'auteur et de 39 figures de *Crispin de Pas, C. van den Broeck* et *Abraham de Bruyn*, très bien gravées par *J. Sadeler* et *Peter van der Borcht*.

48. HOMÈRE. Œuvres complètes (L'Iliade). Traduction nouvelle, avec des notes littérales, historiques et géographiques, suivies des imitations des poëtes anciens et modernes, par M. Gin. *A Paris, de l'Impr. de Didot l'aîné*, 1786-1788, 4 vol. in-4, fig., veau écaille, dent., dos ornés, tr. dor. (*Rel. anc.*).

Frontispice et 24 figures par *Marillier* tirées dans des encadrements.
Mouillures au premier volume.

49. HUGO (Hermann). Pia Desideria Emblematis, elegiis et affectibus SS. Patrum illustrata. *Antverpiæ, Aertssen*, 1628, pet. in-12, fig., mar. rouge, fil. à froid, dent. int., tr. dor. (*Petit-Simier*).

Edition ornée de nombreuses figures gravées sur bois par *Christ. Sichem* et de très jolis fleurons également gravés sur bois, vrais modèles de bijouterie.
Exemplaire de J. Renard.

50. IMAGO primi sæculi Societatis Jesu a provincia Flandro-Belgica ejusdem societatis repræsentata. *Antverpiæ, ex officina Plantiniana*, 1640, in-fol., titre-frontisp. et fig., veau fauve, fil. et comp. frappés à froid, dos orné (*Rel. anc.*).

Livre rare, attribué à Jean Tollenarius, et orné de 123 jolis emblèmes gravés en taille douce par *Corn. Galle*.

51. KERS-NACHT. De Alder-nieuwste Leyssem Liedekens die ghesonghen worden op den Kers-nacht ende de navolghende daghen tot ons L. vrouwe lichtmisse... *Antwerpen, Joannes van Soest, s. d.*, in-16 oblong de 80 pp., car. goth., mar. rouge, fil., semis d'étoiles, feuillages aux angles et au centre des plats, dos

orné, doublé de mar. bleu, encadr. de douze fil., gardes de moire bleue, tr. dor.

Chansonnier de la plus grande rareté.
Très légers raccommodages aux angles de quelques ff.

52. **LA FONTAINE.** Contes et Nouvelles en vers. *A Amsterdam* (*Paris, Barbou*), 1762, 2 vol. in-8, portr., fig. et culs-de-lampe, mar. rouge, larges dent. à l'oiseau, dos ornés, doubl. de mar. bleu, semis de fleurettes, d'oiseaux et de carquois, gardes de tabis rouge, tr. dor., dans un étui de mar. rouge à longs grains (*De Samblanx et J. Weckesser*).

Edition publiée aux frais des Fermiers généraux ; elle est ornée de 2 portraits, de 80 figures par *Eisen*, de vignettes et de culs-de-lampe par *Choffard*.
Les figures pour le *Cas de conscience* et le *Diable de Papefiguière* sont découvertes, celles pour *Alix malade* et le *Remède* non terminées et la page 39 du tome I sans le cul-de-lampe.
On a ajouté une figure de Gravelot pour le *Rossignol*.

53. **LA FONTAINE.** Les Amours de Psyché et de Cupidon. Edition ornée de figures imprimées en couleurs, d'après les tableaux de M. Schall. *Paris, Defer de Maisonneuve, de l'Impr. de P.-Fr. Didot jeune*, 1791, gr. in-4, fig., mar. rouge, dent. et comp. avec petites rosaces de mar. vert aux angles, dos orné, dent. int., tête dor., non rogné, étui (*De Samblanx*).

4 figures de *Schall*, gravées par *Bonnefoy*, *Demouchy*, *Mme Demouchy* et *Colibert*.
Exemplaire NON ROGNÉ, contenant les figures en épreuves AVANT les numéros.

54. LA FONTAINE. Œuvres complètes, précédées de l'éloge de l'auteur par Chamfort. *Paris, Igonette*, 1826, in-8 à 2 col., mar. grenat à longs grains, dent. et comp. dorés et à froid, dos orné, doublé et gardes de moire verte, dent. int., tr. dor. (*Rel. de l'époque*).

Edition compacte, imprimée en petits caractères, ornée d'un portrait et de 12 figures par *Devéria*.
Piqûres d'humidité.
Curieuse reliure romantique très fraîche.

55. LA HARPE. Tangu et Félime, poëme en IV chants. *Paris, Pissot*, 1780, in-8, cartonn. dos de mar. vert, non rogné (*David*).

1 titre-frontispice et 4 jolies figures de *Marillier*.
Réimpression moderne du texte, avec les figures de tirage ancien.

56. LA SABLIÈRE. Madrigaux de M. D. L. S. (Ant. de La Sablière). *Paris, Barbin,* 1680, in-12, mar. bleu, fil., dos orné, dent. int., tr. dor. (*De Samblanx*).

ÉDITION ORIGINALE.

57. LE SAGE. Histoire de Gil Blas de Santillane, par Le Sage. Edition ornée de figures en taille-douce, gravées par les meilleurs artistes de Paris. *A Paris, de l'Impr. de Didot jeune, chez Janet et Hubert, l'an troisième* (1795), 4 vol. in-8, fig., veau fauve, fil., dos ornés, tr. marbr. (*Rel. angl. de l'époque romantique*).

100 figures par *Bornet, Charpentier* et *Duplessi-Bertaux*. Ecorchure à un plat de reliure.

58. LIVRE DE PRIÈRES en flamand. In-8 de 74 ff., veau jaspé, fil., dos orné, tr. dor. (*Rel. anc.*).

MANUSCRIT sur VÉLIN du XVe siècle, orné de DEUX MINIATURES (*la Vierge et l'enfant Jésus* et *le Christ en croix*), de 23 initiales avec montants de bordures peints en or et en couleurs.

59. **LORRIS** (G. de) et J. de **MEUNG.** Sensuyt le rõ||mãt de la rose || aultremẽt dit || le sõge vergier. || Nouvellement imprime à Paris. || (A la fin :) ℭ *Cy finist le Romant de la rose. Nouvellement imprime à Paris par* || *Jehan ihannot Imprimeur et libraire jure en luniversité de Paris. De* || *mourant à lymaige sainct Jehan baptiste en la rue neufve nostre dame* || *pres saincte Geneviefve des ardans.* || *s. d.*, pet. in-4 goth. à 2 col. de 142 ff. non ch., mar. rouge, milieu de fil. et de feuillage, avec rose au milieu, dos orné d'une rose entre chaque nerf, dent. int., tr. dor. étui (*Trautz-Bauzonnet*).

Edition des premières années du XVIe siècle, dont le titre, imprimé en rouge et noir, est orné d'une grande figure sur bois répétée au verso. Trois vignettes dans le texte ; marque de Jehan Jehannot au bas du dernier feuillet.

60. LUCANUS. M. Annei Lucani Cordubensis, de Bello civili apud Pharsaliam, libri X, doctissimis argumentis et scholiis ornati. *Coloniæ, apud Mart. Gymnicum,* 1549, pet. in-8, ais de bois recouverts de veau brun, comp. estampés à froid, traces de fermoirs (*Rel. anc.*).

On a relié à la suite : Laurentii Vallæ Elegantiarum libri VI. *Tremoniæ,* 1550.

61. LUCRÈCE. Titi Lucretii Cari de Rerum natura, libri sex. Ad optimorum exemplarium fidem recensiti ; accesserunt variæ

lectiones... *Londini, Tonson*. 1712, in-fol., frontispice, 6 pl., vign. et culs-de-lampe, mar. rouge, dent. et comp. dor., dos orné, tr. dor. (*Rel. anc.*).

Edition de luxe, tirée à petit nombre.
La planche du cinquième livre est coupée au cadre et remontée.

62. **LUCRÈCE.** Di Tito Lucrezio Caro della Natura delle cose, libri sei, tradotti dal latino in italiano da Alessandro Marchetti... *In Amsterdamo(Paris)*, 1754, 2 vol. gr. in-8, fig., dos et coins de veau fauve, dos ornés, non rognés (*Rel. anc.*).

2 frontispices, 2 titres, 6 figures, 7 vignettes et 5 culs-de-lampe par *Cochin, Eisen, Le Lorrain, Le Mire* et *Vassé*.
Exemplaire NON ROGNÉ.

63. **MAKEBLYDE** (Louis). Den Schat der Ghebeden door Ludovicum Makebliide, priester der Societeyt Jesu. *T'hantwerpen, by Hieronymus Verdussen*. 1611, pet. in-12, car. goth., front. et fig., mar. rouge, fil., dos orné, dent. int., tr. dor., étui (*De Samblanx*).

Frontispice et 14 figures non signées gravés sur cuivre.
On a ajouté 3 figures gravées par *Th. Galle, C. de Mallery* et *J. Wierix*.

64. **MARGUERITE,** reine de Navarre. Les Nouvelles de Marguerite, reine de Navarre. *Berne, chez la Nouvelle Société Typographique*, 1780-1781, 3 vol. in-8, mar. vert, fil., dos ornés, dent. int., tr. dor. sur témoins (*Chambolle-Duru*).

1 frontispice par *Dunker*, 73 figures par *Freudeberg*, 72 vignettes et 72 culs-de-lampe par *Dunker*.
Exemplaire NON ROGNÉ, auquel on a ajouté les titres gravés de l'édition de 1792.

65. **MILTON.** Le Paradis perdu, poëme par Milton. Edition en anglais et en français, ornée de douze estampes imprimées en couleur d'après les tableaux de M. Schall. *Paris, Defer de Maisonneuve*, 1792, 2 vol. gr. in-4, fig., dos et coins de veau fauve, dos ornés, non rognés (*Rel. anc.*).

12 figures de *Schall* imprimées en couleurs.
Exemplaire entièrement NON ROGNÉ, contenant les figures en épreuves AVANT la lettre.

66. **MINNE-KUNST**; Minne-Dichten; Mengel-Dichten. *Amsterdam, Dirck Pieters: Voskuyl*. 1622, in-16 oblong de 3 ff. prélim.

et 187 ff. non chiff., fig., veau marbré, dos orné, tr. jaspées (*Rel. anc.*).

Frontispice et 11 figures très finement gravés sur cuivre.
Exemplaire incomplet d'un feuillet (blanc ?) en tête du volume et du feuillet Aa 1.

67. **MOLIÈRE.** Œuvres. Nouvelle édition. *Paris*, 1734, 6 vol. in-4, portrait et fig., veau marbré, fil., dos ornés, tr. rouges, dans des étuis modernes (*Rel. anc.*).

Portrait par *Coypel*, 33 fig. par *Boucher*, 198 vignettes et culs-de-lampe par *Boucher*, *Blondel* et *Oppenord*.
Exemplaire du second tirage, mais avec de belles épreuves des figures.
Légères mouillures à quelques feuillets du cinquième volume.
Bonne reliure de l'époque.

68. MONTAIGNE (Michel de). Essais. Nouvelle édition. *Paris*, *Lefèvre* (*Impr. de Crapelet*), 1818, 5 vol. gr. in-8, mar. violet, encadr. doré et mosaïqué, dos mosaïqués, dent. int., non rognés, étuis (*De Samblanx*).

Bel exemplaire imprimé sur **grand papier vélin**, relié sur brochure, contenant le portrait gravé par *Tardieu* en épreuve avant la lettre.
On a ajouté un portrait ancien de Montaigne, non signé.
Exemplaire richement relié.

69. NIEUWEN IEUCHT SPIEGEL. Verciert met vele schoone nieuwe Figuren ende Liedekens ter eeren Van de Ionge, dochters van Nederlant. *S. l. n. d.* (*vers* 1610), pet. in-4 oblong, vélin, tr. jasp. (*Rel. anc.*).

Ouvrage de la plus grande rareté, orné d'un frontispice et de 50 curieuses figures exécutées pour la plupart par *Crispin de Pas*.
On a relié à la suite : T'Vermaeck der Ieught... ende ten dele ghecomponeert door Boudewiin Jansen Wellens. *Franeker*, *Th. Lamberts Salwaada*, 1612, front. gr. par *Matham* d'après *P. Harling*.

70. **OFFICIUM B. MARIÆ VIRGINIS**, nuper reformatum, et Pii V, Pont. max. jussu editum. *Antverpiæ*, *ex off. Chr. Plantini*, 1573, gr. in-8, car. rouges et noirs, fig., veau brun, fil., semis de fleurettes sur les plats, angles et milieu dorés, dos orné, tr. dor. (*Rel. anc.*).

Beau volume orné de 19 planches gravées sur cuivre par *P. Van der Borcht* et *Jérôme Wierix*. Toutes les pages sont entourées de jolies bordures gravées sur bois de style renaissance.
Riche reliure du XVIe siècle, sortie des ateliers de Plantin ; le dos a été restauré dans le haut et au bas.
Légères mouillures.

71. **OVIDE.** Métamorphoses d'Ovide en rondeaux (par Isaac Benserade), imprimez et enrichis de figures par ordre de Sa Majesté, et dédiez à Monseigneur le Dauphin. *A Paris, de l'Impr. Royale*, 1671, gr. in-4, réglé, fig., mar. rouge, comp. de fil à la Du Seuil, dos orné, dent. int., tr. dor. (*Rel. anc.*).

Edition originale, ornée d'un frontispice et de 226 figures de *F. Chauveau, S. Le Clerc* et *J. Le Pautre*.
Petites taches et légers raccommodages dans les marges de quelques feuillets.
Exemplaire très grand de marges.

72. **PAS** (Crispin de). Liber Genesis continens originem seu creationem mundi et humani generis... Omnia incisa laminis opera et cura Crisp. Passæi Zel. *Arnhemi, apud Joan. Janssonium*, 1612, in-4 oblong, vélin (*Rel. anc.*).

Suite de 60 planches très finement gravées par *Crispin de Pas* et qui se trouvent ici en premier état.

73. **PAS** (Crispin de). Jardin de Fleurs, contenant en soy les plus rares et plus excellentes fleurs que pour le présent les amateurs dicelles tiennent en grande estime et dignité. Divisées selon les quatre saisons de l'an, par Crispian de Pas le jeune... *Imprimés à Utrecht, ches Crispian de Pas et se trouveront à Arnhem, ches Jan Janssoon, libraire, s. d.* (1614). 5 parties en 1 vol. pet. in-fol. oblong, mar. bleu, fil., armoiries sur les plats, dos orné, dent. int., tr. dor. (*Closs*).

Ouvrage recherché, orné de 7 frontispices et 172 planches très bien gravés par *Crispin de Pas*.
Exemplaire relié aux armes du vicomte de Janzé.

74. **RACINE.** Réunion de figures pour illustrer différentes éditions du *Théâtre* de cet auteur, montées en 3 vol. in-8, demi-rel. mar. vert foncé, têt. dor.

Importante collection comprenant :
1° — 4 jolis dessins originaux de Carle Vernet, à la plume et au lavis de sépia (pour *la Thébaïde, Alexandre, Andromaque* et *Britannicus*).
2° — Le portrait par *Gaucher* et 10 figures de *Gravelot*, épreuves avant la lettre.
3° — 1 portrait par *Gaucher* et 12 figures de *Lebarbier*, une figure de cette suite ajoutée en épreuve avant la lettre (*Mithridate*).
4° — 1 frontispice par *Prudhon* et 54 figures (sur 56) par *Gérard, Girodet, Chaudet*, en épreuves avant la lettre.
5° — 1 frontispice de *Prudhon* et 12 figures par *Desenne, Taunay, Gérard* en double état : eaux-fortes et épreuves avant la lettre.
6° — 5 vignettes de titre (sur 7) tirées hors texte et 12 vignettes de *Garnier* en épreuves avant la lettre.

7° — 1 portrait par *Saint-Aubin* et 12 figures de *Moreau* gravées pour Renouard en 1805 en 3 ÉTATS : **eaux-fortes** et épreuves AVANT et avec la lettre. L'eau-forte et l'avant-lettre de *Phèdre* y sont répétées 2 fois. *Andromaque* possède une seconde eau-forte, mais retournée.

8° — 1 portrait par *Dupréel* et 12 figures de *Moreau* gravées pour Renouard en 1811 (suite différente de la précédente) en 4 ÉTATS : **eaux-fortes**, AVANT la lettre avec différences dans les signatures à la pointe, avant la lettre signature gravée et avec la lettre ; 4 des figures de cette suite ne comportent que 3 états.

9° — 1 portrait et 13 figures in-12 (tirées in-8) par *Desenne*, en double état : **eaux-fortes** et épreuves AVANT la lettre sur Chine.

10° — Diverses suites de *Dubourg*, *de Sève* (in-4 et in-12), *Choquet*, *Stahl*, *Foulquier*.

11° — Un joli portrait de Mlle Georges imprimé en couleurs par *Leroy*. Elle est représentée en buste et dans le costume de *Phèdre*.

12° — 25 portraits divers de Racine, en plusieurs états, avec de nombreuses eaux-fortes.

Importante réunion de plus 400 pièces comprenant la majeure partie des illustrations faites pour Racine.

Certaines figures ont été soigneusement remargées au format du volume.

75. RESTIF DE LA BRETONNE. Le Paysan et la Paysanne pervertis, ou les Dangers de la ville. Histoire récente, mise au jour d'après les véritables lettres des personnages, par N.-E. Rétif-de-la-Bretonne. *Imprimé à La Haie*, 1784, 16 parties en 4 vol. in-12, fig., cartonn. bradel, non rognés (*Cartonn. mod.*).

120 figures par *Binet*, y compris 16 frontispices.

Exemplaire NON ROGNÉ ; quelques figures sont plus courtes ; piqûres de vers dans les marges de trois d'entre elles.

76. ROLLENHAGEN (Gabriel). Nucleus emblematum selectissimorum, quæ Itali vulgo impressas vocant privata industria studio singulari, undique conquisitus, non paucis venustis inventionibus auctus, additis carminibus, illustratus a Gabriele Rollenhagio. (*Coloniae*), *e museo cœlatorio Crispiani Passaei*, 1611-1613, 2 parties en 1 vol. in-4, vélin blanc (*Rel. anc.*).

Ouvrage recherché contenant 2 titres, 2 portraits et 200 jolies planches d'emblèmes par *Crispin de Pas*. La planche 51 du 1er volume est remontée, et quelques-unes ont des légendes manuscrites en hollandais.

77. RUBENS. La Gallerie du Palais du Luxembourg, peinte par Rubens, dessinée par les Srs Nattier et gravée par les plus illustres graveurs du temps. *Se vend à Paris, chez le Sr Duchange*, 1710, gr. in-fol., pl., mar. rouge, dent. avec fleurons aux angles, dos orné à petits fers, dent. int., tr. dor. (*Rel. anglaise anc.*).

Beau portrait de Rubens gravé par *G. Audran* d'après *Van Dyck*

et 24 planches gravées par *Audran, Duchange, Edelinck, B. Picart*, etc
Épreuves AVANT les numéros.
Petites cassures raccommodées en marge de trois planches.

78. **SADELER** (Jean et Raphaël). Solitudo sive Vitæ patrum eremicolarum. *S. l. n. d.*, titre et 29 pl. — Sylvæ sacræ Monumenta sãctioris philosophie quam severa Anachoretarum disciplina vitæ et religio docuit. *S. l. n. d.*, titre et 29 pl. — Solitudo, sive Vitæ foeminarum anachoritarum. *S. l.*, 1621, titre et 24 pl. — Ens. 3 suites en 1 vol. pet. in-fol. oblong, vélin, fil., comp. et milieu dor., tr. dor. (*Rel. anc.*).

Ces trois suites, représentant des ermites et des anachorètes des deux sexes, ont été gravées par les frères *Sadeler* et *Adrien Collaert*.

79. **SAMBUCUS** (J.). Emblemata, cum aliquot nummis antiqui operis. Joannis Sambuci Tirnaviensis Pannonii. *Antverpiæ, ex off. Christ. Plantini*, 1564, in-8, fig., veau brun, fil., dos orné, tr. rouges (*Rel. anc.*).

PREMIÈRE ÉDITION, ornée du portrait de l'auteur, de 165 figures sur bois avec encadrements, dans le genre de celles du Petit Bernard et de 8 pages de médailles antiques.
Taches à deux feuillets (pp. 191 à 194).

80. **SAMBUCUS** (J.). Emblemata, et aliquot nummi antiqui operis, Joan. Sambuci Tirnaviensis Pannonii. Quarta editio. *Antverpiæ, apud Chr. Plantinum*, 1584, in-16, fig., veau brun, fil. et comp. à froid, dos orné, tr. rouges (*Rel. moderne*).

Édition la plus complète ; elle est ornée d'un très grand nombre de figures gravées sur bois ; celle de la page 179 représente une guillotine.
Quelques feuillets jaunis.

81. **SCOTT** (Walter). The Works. *Edinburgh*, 1812-1816, 9 vol. in-8, mar. vert clair à longs grains, dent. à froid et 2 dent. dor. formant encad., dos ornés, tr. dor. (*Rel. anglaise de l'époque*).

Piqûres d'humidité.

82. **SCRIVERS** (Christian). Herrlichkeit und Seligkeit der Kinder Gottes... *Nürnberg, Johann Hoffmann*, 1794, 2 parties en 1 vol. in-4, frontispice, ais de bois recouverts de vélin peint, comp. entrelacs et médaillons peints en brun, rouge et blanc, allégories peintes au milieu des plats, dos orné, tr. dor. et ciselées, fermoir d'argent, étui (*Rel. anc.*).

Curieuse reliure allemande de l'époque dont les peintures, ornant les plats de la reliure, sont assez jolies.

83. SINRYKE FABULEN, verklaart en Toegepast tot alderley Zeede-lessen, Dienstig om waargenoomen te werden in het Menschelijke en Burgerlijke leeven. *Amsterdam, Sweerts*, 1685, in-4, fig., vélin, fil., comp. et milieu à froid, tr. jasp. (*Rel. anc.*).

Frontispice et 100 vignettes gravés sur cuivre.
Exemplaire imprimé sur **grand papier.**

84. SMIDS (Lud.). Schatkamer der Nederlandsse oudheden ; of Woordenboek behelsende Nederlands, steden en Dorpen, Kasteelen, Sloten en Heeren Huysen, Oude Volkeren, Rievieren... *Amsterdam, Pieter de Coup*, 1711, in-8, pl., veau granité, dos orné (*Rel. anc.*).

60 planches représentant des monuments, châteaux, ruines, de Hollande.
Petite piqûre de ver dans la marge extérieure des derniers ff. de la table.

85. TENGLER (Ulrich). Layenspiegel. Von rechtmässigen ordnungen in Burgerlichenn und Peinlichen Regimenten. Mit additionen urspringlicher rechtsprüchen. Auch der Guldin Bulla Künigklicher Reformation Landtfriden, rc. (par U. Tengler)... (A la fin :) *Strassburg, Johannem Albrecht*, 1538, in-fol. goth., fig., cartonn. ancien.

Manuel populaire de procédure orné de 26 figures sur bois, dont une tirée sur le titre.

86. TRÉSOR DES ALMANACHS (Le). Etrennes nationales, curieuses, nécessaires et instructives, pour l'année bissextile 1784. *Paris, Cailleau*, (1784), in-18, front. et vign. sur bois, mar. rouge, dent., milieu orné d'un sujet doré représentant une dame et son cavalier regardant une montgolfière dans les airs tandis qu'un abbé dirige une lunette vers le corsage de la dame, avec ces mots au dessous : « Je vois de plus beaux globes », dos orné, tr. dor. (*Rel. anc.*).

Curieuse petite reliure.

87. ULLOA (Alonso de). Historie ende het leven van der Aldermachrichsten ende victorieusten Keyser Caerle de vijfde van dien name. Indien welcken niet alleen beschreven en zijn de hooge ende seer vrome daden vanden selven Prince maer oock de merckelijckste saken die over alle de werelt insonderheyt inde Oost ende West- Indyen geschiet ziin. Eerstmael in italiaensche tale beschreven, door Alonso de Ulloa... *Amstelredam, Jacob*

Pieters, 1610, in-fol. goth. à 2 col., fig., vélin à recouvrements (*Rel. anc.*).

Ouvrage orné de jolis portraits gravés sur cuivre par *N. de Clerck*. Le titre est coupé au cadre et remonté ; légère mouillure.

88. **USSIEUX (D')**. Les Nouvelles françoises, par M. d'Ussieux. *Paris, Nyon, Belin*, 1783, 3 vol. in-8, fig., veau écaille, fil., dos ornés, tr. marb. (*Rel. anc.*).

15 figures, 11 vignettes et 11 culs-de-lampe par *Binet, Desmaisons, Desrais* et *Martini*.

89. **VADÉ** Œuvres poissardes, suivies de celles de l'Ecluse. Edition ornée de figures imprimées en couleur. *Paris, Defer de Maisonneuve, de l'Impr. de Didot le jeune, l'an IV*- 1796, in-4, fig., dos et coins de mar. rouge, fil., dos orné, tête dor., non rogné.

4 jolies estampes de *Monsiau*, gravées par *Clément* et imprimées en couleurs.

Exemplaire non rogné, un des 100 imprimés sur papier vélin contenant les illustrations en épreuves avant les numéros.

On y a ajouté le portrait de Vadé gravé par *Ficquet* d'après *Richard*.

90. **VÆNIUS (Otho)**. Quinti Horatii Flacci Emblemata. Imaginibus in æs incisis, notisqz illustrata, studio Othonis Væni, Batavolugdunensis. *Antverpiæ, Lisaert*, 1612, in-4, fig., vélin (*Rel. anc.*).

Edition recherchée, la seule contenant le texte en cinq langues. Elle est ornée de 102 figures sur cuivre, de la grandeur des pages gravées par *Corn. Boël* d'après les dessins de *O. Vænius*.

Exemplaire imprimé sur grand papier.

91. **VALERIUS (Adrianus)**. Neder-Landtsche Gedenck-Clanck. Kortelick openbarende de voornaemste geschiedenissen van de seventhien Neder-Landtsche Provincien, tsedert sen aenvang der Inlandsche beroerten ende troublen, tot den Iare 1625... *Haerlem*, 1626, in-4 oblong, fig. et musique notée, vélin (*Rel. anc.*).

Un des plus importants ouvrages sur la musique publiés au XVIIe siècle dans les Pays-Bas, tant pour les airs de chansons populaires qui s'y trouvent que pour la musique du luth à sept cordes et de la guitare.

Il est illustré de 8 curieuses et belles figures gravées sur cuivre d'après *A. Van de Venne*.

92. **VISSCHER (Roemer)**. Sinnepoppen van Roemer Visscher.

T'Amsterdam, by Willem Iansz, 1614, pet. in-4 oblong, de 2 ff. prélim. et 183 pp. chiff., figures, vélin, compart. de fil. à froid, tr. jasp. (*Rel. anc.*).

Edition originale du texte de Roemer Visscher et premier tirage des belles figures d'emblèmes gravées par *Claas Jansz. Visscher*.

La figure du fou, au verso du dernier feuillet, est légèrement peinte.

Le Blanc, *Manuel de l'amateur d'estampes*, ne cite pas cette suite de Cl. J. Visscher.

93. VOLTAIRE. Romans et Contes. *A Bouillon, aux dépens de la Société Typographique*, 1778, 3 vol. in-8, fig., basane racine, dos ornés, tr. jaunes (*Rel. anc.*).

Portrait de Voltaire, 2 frontispices, 55 figures et 13 vignettes par *Marillier, Martini, Monnet* et *Moreau*.

94. VOLTAIRE. Œuvres complètes. (Théâtre). (*Kehl*), *de l'Impr. de la Société littéraire-typographique*, 1784, 9 vol. gr. in-8, portrait et fig., veau marbré, petite dent., dos ornés, dent. int., tr. dor. (*Rel. anc.*).

Tomes I à IX des *Œuvres complètes*, contenant le théâtre.

1 portrait et 44 figures par *Moreau le jeune*.

95. VOLTAIRE. Œuvres complètes. *Paris, Sautelet*, 1827, 3 forts vol. in-8 à 2 col., dos et coins de mar. violet à longs grains, dos ornés, non rognés (*Schavye*).

Edition compacte imprimée en très petits caractères.

Exemplaire non rogné. Quelques légères piqûres d'humidité.

96. VONDEL (Joost van). Wercken. *Amsterdam*, 1671-1737, 14 ouvrages en 11 vol. in-4, vélin, fil., comp. et milieu à froid.

1° — Publius Ovidius Nazoos Herscheppinge ; 1671, frontispice et vignettes ; portrait ajouté.

2° — Poëzy of verscheyde Gedichten ; 1682, 2 vol., 6 portraits ajoutés.

3° — Vorstelijcke Warande der dieren ; 1682, 125 fig. sur cuivre par *Marc Gerards* et un portrait ajouté.

4° — Koning Davids Harpzangen ; 1696, portrait ajouté.

5° — Publius Virgilius Maroos Wercken (traduction en vers) ; 1696, frontispice et portrait.

6° — Publius Ovidius Nasoos Heldinnebrieven ; 1716, frontispice et portrait.

7° — Bespiegelingen van Godt en Godtsdienst ; 1723, frontispice. — Altaer-Geheimenissen ; 1645, frontispice. — De Heerlyckheit der Kercke ; 1663. — Ens. 3 ouvrages en 1 vol.

8° — De Helden Godes des Ouwden Verbonds ; 1727, 38 figures

gr. par *J.-Sadeler* et portrait ajouté. — De Vaderen ; 1772, frontispice (feuillets remontés). — Joannes de Boetgezant ; 1696. — Ens. 3 ouvrages en 1 vol.

9° — Publius Virgilius Maroos Wercken (traduction en prose) ; 1737, frontispice, 2 épreuves d'un portrait ajoutées.

10° — Treurspelen (Tragédies) ; *s. d.*, 8 pièces avec portrait ajouté.

97. WARACHTIGHE (De) FABULEN der Dieren. (A la fin :) *Ghedruct te Brugghe, inde Peerde strate, by Pieter de Clerck*, 1567, in-4, car. goth. et italiques, vélin (*Rel. anc.*).

Imitation des fables d'Esope en vers flamands, accompagnées de moralités, par Edouard de Dène.

Ce volume rare est orné de 108 figures dessinées et gravées sur cuivre par *Marc Gheeraerts* (ou *Marc Gérard*).

Exemplaire de Renouard et Van der Helle.

98. ZINNE-BEELDEN DER LIEFDE, met Puntdigten en Aanteekeningen, van Mr. Willem den Elger. *Leyden, Boudewyn van der Aa*, 1703, pet. in-4, fig., mar. rouge, fil. et comp. avec fleurons aux angles, dos orné, dent. int., tr. dor., étui (*De Samblanx et Weckesser*).

50 figures emblématiques gravées en taille-douce

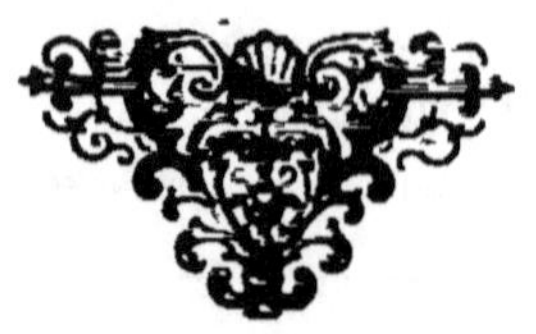

LIVRES MODERNES

A. — EDITIONS ORIGINALES D'AUTEURS DU XIXe SIÈCLE ET D'AUTEURS CONTEMPORAINS

99. ANNUNZIO (Gabriele d'). La Fille de Jorio, tragédie pastorale, traduite par Georges Hérelle. *Paris, Calmann Lévy,* 1905, pet. in-8, broché.

EDITION ORIGINALE de cette traduction, ornée de nombreux ornements et vignettes sur bois par *Adolfo de Karolis.*

100. BARBEY D'AUREVILLY (J.). Rhythmes oubliés. *Paris, Lemerre,* 1897, pet. in-8, pap. de Hollande, cartonn. dos et coins de mar. bleu à longs grains, non rogné, couverture (*Carayon*).

EDITION EN PARTIE ORIGINALE.

101. BARRÈS (Maurice). Huit jours chez M. Renan. *Paris, Perrin et Cie*, 1890 (Deuxième édition augmentée d'une Note). — Trois Stations de psychotérapie. *Ibid., id.,* 1891. — Toute licence sauf contre l'amour. *Ibid., id.,* 1892. Ens. 3 vol. in-18, brochés.

EDITIONS ORIGINALES des deux derniers volumes.

102. BARRÈS (Maurice). L'Ennemi des lois. *Paris, Perrin et C* 1893, in-12, broché.

EDITION ORIGINALE.

103. **BARRÈS (Maurice).** Un Amateur d'âmes. Illustrations de L. Dunki. *Paris, Fasquelle*, 1899, in-8, fig. sur bois, broché.

Edition originale de cette nouvelle version ; la première fait partie de l'ouvrage : *Du Sang, de la Volupté et de la Mort*, publié en 1893.

104. **BARRÈS (Maurice).** Colette Baudoche, histoire d'une jeune fille de Metz. *Paris, Juven, s. d.* (1909), in-12, broché, sous une enveloppe demi-mar. rouge, avec étui.

Edition originale.
Un des 75 exemplaires imprimés sur **papier de Hollande.**

105. **BARRÈS (Maurice).** Leurs figures. *Paris, Juven, s. d.* (1902), in-12, broché.

Edition originale.

106. **BARRÈS (Maurice).** Le Voyage de Sparte. *Paris, Juven, s. d.* (1906), in-12, broché.

Edition originale.

107. **BARRÈS (Maurice).** Adieu à Moréas. *Paris, Emile-Paul*, 1910. — Un discours à Metz (15 août 1911). *Ibid., id.*, 1911. Ens. 2 plaquettes in-12, brochées.

Editions originales.
Chaque exemplaire est un des 50 imprimés sur **papier de Hollande.**

108. **BARRÈS (Maurice).** L'Angoisse de Pascal. *Paris, Les Bibliophiles fantaisistes*, 1910, in-4, broché.

Edition originale ornée du masque de Pascal.

109. **BARRÈS (Maurice).** Pour nos Églises. *Paris, Société des Trente, A. Messein*, 1912, pet. in-8, broché sous une enveloppe demi-mar. rouge, avec étui.

Première édition en librairie de ce discours prononcé à la Chambre des députés le 16 janvier 1911 ; il est ici accompagné d'une lettre-préface.
Un des 20 exemplaires imprimés sur **papier du Japon.**

110. **BARRÈS (Maurice).** Le Jubilé de Jeanne d'Arc, orné de six compositions d'Angel. *Paris, Editions de l'Indépendance*, 1912, gr. in-8, en feuilles sous la couverture.

Edition originale.
Un des 25 exemplaires imprimés sur **papier du Japon.**

111. BARRÈS (Maurice). Le Bi-centenaire de Jean-Jacques Rousseau. *Paris, Éditions de l'Indépendance,* 1912, plaquette in-16 de 23 pages, brochée.

Édition originale de cette « Observation présentée à la Chambre des Députés le 11 juin 1912 ».
Un des **20** exemplaires, imprimés sur **papier du Japon**, mis dans le commerce.

112. BARRÈS (Maurice). La Colline inspirée. *Paris, Émile-Paul frères,* 1913, in-12, broché sous une enveloppe, demi-basane rouge, avec étui.

Édition originale.
Un des **50** exemplaires imprimés sur **papier du Japon**.

113. BARRÈS (Maurice). L'Abdication du poète. *Paris, Crès et Cie,* 1914, in-16, broché.

Édition originale ornée d'un portrait de Lamartine gravé sur bois par *P.-E. Vibert.*
Un des **65** exemplaires, imprimés sur **papier du Japon**, mis dans le commerce.

114. BARRÈS (Maurice). La grande pitié des Églises de France. *Paris, Emile-Paul frères,* 1914, in-12, broché, sous une enveloppe demi-mar. rouge, dos orné, avec étui.

Édition originale.
Un des **50** exemplaires imprimés sur **papier du Japon**.

115. BARRÈS (Maurice). La grande pitié des Églises de France. *Paris, Emile-Paul frères,* 1914, in-12, broché.

Édition originale.
Papier de Hollande.

116. BARRÈS (Maurice) et Paul LAFOND. Le Greco. *Paris, Floury, s. d.* (1911), in-4, broché.

Édition originale de cette étude ornée de 92 reproductions en phototypie.
Un des **25** exemplaires imprimés sur **papier du Japon**.

117. BAUDELAIRE (Charles). Les Fleurs du Mal. *Paris, Poulet-Malassis et de Broise,* 1857, in-12, mar. citron, fil., sur le premier plat, composition de fleurs mosaïquées entourant une tête de mort, dos orné et mosaïqué, fil. int., non rogné, couverture (*De Samblanx-Weckesser*).

Édition originale ; avec la bonne couverture.
Bel exemplaire auquel on a ajouté :

1° — Une *lettre autographe* de Baudelaire adressée à son éditeur et relative aux poursuites dirigées contre les *Fleurs du Mal*. Cette lettre, non datée, commencée à l'encre est terminée au crayon.

2° — 6 portraits de Baudelaire et un portrait de Théophile Gautier, gravés à l'eau-forte.

3° — Le frontispice gravé à l'eau-forte par *Félicien Rops* pour les *Epaves*, en épreuve sur Chine et une composition de *A. Rassenfosse* pour les *Fleurs du Mal*.

118. **BAUDELAIRE (Charles).** Œuvres posthumes. *Paris, Mercure de France*, 1908, in-8, portrait gravé sur bois, broché, couverture, étui.

Edition collective des *Œuvres posthumes* déjà publiées, augmentée de nombreuses pièces en vers ou en prose, authentiques ou apocryphes, qui se trouvaient dispersées dans divers journaux, revues ou volumes.

Un des 87 exemplaires imprimés sur **papier de Hollande** contenant deux états du portrait : en noir et en bistre.

119. **BECKFORD.** Le Vathek de Beckford, réimprimé sur l'édition française originale, avec préface par Stéphane Mallarmé. *Paris, Labitte*, 1876, pet. in-8, vélin blanc à recouvr., non rogné, attaches.

La préface de cet ouvrage est le début littéraire de Stéphane Mallarmé.

Edition tirée à 220 exemplaires sur papier de Hollande numérotés.

120. **CLAUDEL (Paul).** La Ville. *Paris, Lib. de l'Art indépendant*, 1893, in-8, broché.

Edition originale de la première version de *La Ville*, tirée à 225 exemplaires.

121. **CLAUDEL (Paul).** L'Agamemnon d'Eschyle, traduit par Paul Claudel. *Fou-Tcheou, Foochow Printing Press*, 1896, pet. in-4, broché.

Edition originale, rare, de cette traduction.

122. **CLAUDEL (Paul).** Art poétique. Connaissance du temps. Traité de la co-naissance au monde et de soi-même. Développement de l'Eglise. *Paris, Mercure de France*, 1907, in-12, broché.

Edition en partie originale.

123. **CLAUDEL (Paul).** Connaissance de l'Est. *Paris, Mercure de France*, 1907, in-12, broché.

Edition en partie originale divisée en deux parties : 1895-1900 et 1900-1905. Cette dernière partie renferme neuf pièces nouvelles.

124. CLAUDEL (Paul). Théâtre. *Paris, Mercure de France*, 1911-1912, 4 vol. in-12, brochés.

Edition collective contenant : *Tête d'or* (première et seconde versions). — *La Ville* (première et seconde versions). — *La Jeune fille Violaine.* — *L'Echange.* — *Le Repos du septième jour.* — *L'Agamemnon d'Eschyle.* — *Vers l'exil.*
Un des **27** exemplaires imprimés sur **papier de Hollande.**

125. CLAUDEL (Paul). L'Annonce faite à Marie, mystère en quatre actes et un prologue. *Paris, Nouvelle Revue française*, 1912, in-12, broché.

Edition originale.

126. CLAUDEL (Paul). Cette heure qui est entre le Printemps et l'Eté. Cantate à trois voix. *Paris, Nouvelle Revue française*, 1913, in-4, broché, sous une enveloppe demi-veau fauve, avec étui.

Edition originale ; elle a été tirée à 323 exemplaires sur papier vergé d'Arches.

127. CLAUDEL (Paul). Le Père humilié, drame en quatre actes. Edition originale (sic). *Paris, Nouvelle Revue Française*, 1920, in-12, broché.

Edition originale.

128. CLAUDEL (Paul). Les Choéphores d'Eschyle. *Paris, Nouvelle Revue française*, 1920, pet. in-4, broché.

Edition originale de cette traduction ; elle occupe 56 pages et est suivie d'un Essai de mise en scène (des Choéphores) et de notes diverses.

129. COLETTE [Colette Willy]. L'Entrave, roman. *Paris, Librairie des Lettres*, 1913, in-12, broché, sous une enveloppe demi-cuir de Russie rouge clair, avec étui.

Edition originale.
Exemplaire imprimé sur **papier teinté de Hollande.**

130. CUREL (François de). Le Solitaire de la lune. Avec un frontispice d'Armand Rassenfosse. *Paris, Les Bibliophiles fantaisistes*, 1909, in-4, broché.

Un des **15** exemplaires imprimés sur **papier du Japon.**

131. DEMOLDER (Eugène). Le Jardinier de la Pompadour, roman.

Paris, Mercure de France, 1904, in-12, broché, sous une enveloppe demi-mar. bleu à longs grains, avec étui.

Édition originale.
Un des 12 exemplaires imprimés sur **papier de Hollande.**

132. FARRÈRE (Claude). Dix-sept histoires de marins. *Paris, Ollendorff*, 1914, in-12, broché, sous une enveloppe demi-mar. rouge à longs grains, avec étui.

Édition originale.
Papier de Hollande.

133. FARRÈRE (Claude). Les Condamnés à mort. Illustrations par André Devambez. *Paris, Edouard-Joseph*, 1920, in-4, 6 pl. hors texte, broché.

Édition originale.
Un des 300 exemplaires imprimés sur **Japon national.**

134. FARRÈRE (Claude). Roxelane, tragédie. Première édition rehaussée de quarante-sept bois dessinés et gravés par Bonomici Poggioli. *Paris, Edouard-Joseph*, 1920, pet. in-8, broché.

Édition originale.
Un des 125 exemplaires imprimés sur **papier de Hollande.**

135. FARRÈRE (Claude). La Vieille histoire, comédie en trois actes. Bois dessinés et gravés par Constant Le Breton. *Paris, Edouard-Joseph*, 1920, pet. in-8 carré, simili-Japon, broché.

Édition originale.

136. FLAUBERT (Gustave). Œuvres complètes (augmentées de variantes, de notes d'après les manuscrits, versions et scénarios de l'auteur et de reproductions en fac-similé de pages d'ébauches et définitives de ses manuscrits). *Paris, Conard*, 1910, 18 vol. pet. in-8, dos et coins de mar. rouge, fil., dos ornés, têt. dor., non rognés, couvertures (*J. Weckesser*):

Les sept derniers volumes sont brochés.

137. FONSON (Frantz) et Fernand WICHELER. Le Mariage de Mlle Beulemans, comédie nouvelle en trois actes. *Bruxelles, Lacomblez*, *s. d.* (1910), in-12, mar. grenat, grande plaque de cuir incisé représentant M. et Mme Beulemans, signée A. J., tête dor., non rogné (*Couvert.*).

Édition originale.

138. FRANCE (Anatole). Les Poëmes dorés. *Paris, Lemerre,* 1873, in-12, cartonn. dos et coins satinette mauve, fil., dos orné, ébarbé. 155

Edition originale.
Sur le feuillet de garde cet *envoi autographe :*

A Monsieur Paul de Saint-Victor
respectueux et sympathique
hommage de l'auteur.
Anatole France.

Piqûres d'humidité.

139. FRANCE (Anatole). Les Noces corinthiennes. *Paris, Lemerre,* 1876, in-12, dos et coins de mar. grenat, tête rouge, non rogné. 180

Edition originale.

140. FRANCE (Anatole). Lucile de Chateaubriand, ses contes, ses poèmes, ses lettres, précédés d'une étude sur sa vie par Anatole France. *Paris, Charavay frères,* 1879, in-16, broché. 70

Papier de Hollande.
Edition originale de l'étude par Anatole France.

141. FRANCE (Anatole). L'Etui de nacre. *Paris, Calmann Lévy,* 1892, in-12, demi-rel. chag. rouge, ébarbé (*Couvert.*). 100

Edition originale.

142. FRANCE (Anatole). La Vie littéraire. *Paris, Calmann Lévy,* 1892-1895, 4 vol. in-12, dos et coins de chag. olive, dos ornés, non rognés. 100.

Le quatrième volume est en édition originale.

143. FRANCE (Anatole). Le Lys rouge. *Paris, Calmann Lévy,* 1894, in-12, mar. rouge jans., dent. int., tête dor., non rogné, couverture (*Champs*). 2.300

Edition originale.
Un des 30 exemplaires imprimés sur **papier du Japon.**

144. FRANCE (Anatole). La Société historique d'Auteuil et de Passy, conférence faite le 28 février 1894 à la Mairie du XVIe arrondissement. *Paris, Calmann Lévy,* 1894, in-12 de 20 pag., broché. 15

On y a joint : France (A.). La descente de Marbode aux Enfers (extrait de l'Illustration, 1908, renfermant en édition pré-originale le chap. vi de l'*Ile des Pingouins*), 8 pag. gr. in-8, br.

145. **FRANCE** (Anatole). Le Jardin d'Epicure. *Paris, Calmann Lévy*, 1895, in-12, mar. rouge, jans., dent. int., tête dor., non rogné, couverture (*Champs*).

Edition originale.
Un des 20 exemplaires imprimés sur **papier du Japon**.

146. **FRANCE** (Anatole). Le Mannequin d'osier. *Paris, Calmann Lévy*, 1897, in-12, broché, dans un étui.

Edition originale.
Un des 50 exemplaires imprimés sur **papier de Hollande**.

147. **FRANCE** (Anatole). Histoire contemporaine. *Paris, Calmann Lévy*, 1897-1900, 4 vol. in-12, dos et coins de mar. rouge, têt. dor., non rognés, couvertures (*De Samblanx*).

L'Orme du Mail. — Le Mannequin d'osier. — L'Anneau d'améthyste. — Monsieur Bergeret à Paris.
Editions originales.

148. **FRANCE** (Anatole). Au petit bonheur, comédie en un acte représentée pour la première fois le 1er juin 1898 (chez Mme Arman de Caillavet). Manuscrit autographe reproduit en facsimilé. *Paris, pour Pierre Dauze*, 1898, pet. in-4, port., cartonn.

Edition originale imprimée à 50 exemplaires pour M. Pierre Dauze.
L'exemplaire, en cours de reliure, est recouvert de ses cartons.

149. **FRANCE** (Anatole). Pierre Nozière. *Paris, Lemerre*, 1899, in-12, broché, dans une enveloppe demi-mar. rouge, avec étui.

Edition originale.
Un des 25 exemplaires imprimés sur **papier du Japon**.

150. **FRANCE** (Anatole). Pierre Nozière. *Paris, Lemerre*, 1899, in-12, broché.

Edition originale.

151. **FRANCE** (Anatole). Monsieur Bergeret à Paris. *Paris, Calmann Lévy, s. d.* (1900), in-12, broché, sous une enveloppe demi-mar. rouge, dos orné, avec étui.

Edition originale.
Un des 60 exemplaires imprimés sur **papier du Japon**.

152. **FRANCE** (Anatole). Histoire comique. *Paris, Calmann-Lévy*,

s. d. (1903), in-12, broché, sous une enveloppe demi-mar. rouge clair, dos orné, avec étui.

Edition originale.
Un des **100** exemplaires imprimés sur **papier de Hollande.**

153. FRANCE (Anatole). Histoire comique. *Paris, Calmann-Lévy, s. d.* (1903), in-12, broché.

Edition originale.

154. FRANCE (Anatole). Sur la pierre blanche. *Paris, Calmann-Lévy, s. d.* (1903), in-12, broché, sous une enveloppe demi-mar. rouge, dos orné, avec étui.

Edition originale.
Un des **60** exemplaires imprimés sur **papier du Japon.**

155. FRANCE (Anatole). Sur la Pierre blanche. *Paris, Calmann-Lévy, s. d.* (1903), in-12, broché.

Edition originale.

156. FRANCE (Anatole). Discours prononcé à l'inauguration de la statue d'Ernest Renan à Tréguier. *Paris, Calmann-Lévy, s. d.* (1903), in-12, broché, dans une enveloppe demi-mar. rouge, avec étui.

Edition originale.
Un des **50** exemplaires imprimés sur **papier de Hollande.**

157. FRANCE (Anatole). L'Eglise et la République, avec un portrait de l'auteur par Bellery-Desfontaines, gravé par Perrichon. *Paris, Pelletan,* 1904, pet. in-8 carré, broché, sous une enveloppe demi-mar. rouge clair, dos orné, avec étui.

Edition originale.
Exemplaire imprimé sur **papier de Hollande.**

158. FRANCE (Anatole). L'Eglise et la République, avec un portrait de l'auteur par Bellery-Desfontaines, gravé par Perrichon. *Paris, Pelletan,* 1904, pet. in-8 carré, broché.

Edition originale.

159. FRANCE (Anatole). Crainquebille, Putois, Riquet, et plusieurs autres récits profitables. *Paris, Calmann-Lévy, s. d.* (1904), in-12, broché, sous une enveloppe demi-mar. rouge clair, dos orné, avec étui.

Edition en partie originale.
Un des **100** exemplaires imprimés sur **papier de Hollande.**

160. **FRANCE (Anatole). Crainquebille. Pútois. Riquet. et plusieurs autres récits profitables.** *Paris. Calmann-Lévy. s. d.* **(1904). in-12. broché.**

Édition en partie originale.

161. **FRANCE (Anatole). Crainquebille. pièce en trois tableaux.** *Paris. Calmann-Lévy. s. d.* **(1913). in-12. broché.**

Première édition en librairie.

162. **FRANCE (Anatole). Vie de Jeanne d'Arc.** *Paris. Calmann-Lévy. s. d.* **(1908). 2 vol. in-8. brochés. sous des enveloppes demi-mar. rouge clair, dos ornés. avec étuis.**

Édition originale.
Un des 75 exemplaires imprimés sur **papier du Japon.**

163. **FRANCE (Anatole). Vie de Jeanne d'Arc.** *Paris. Calmann-Lévy. s. d.* **(1908). 2 vol. in-8. brochés.**

Édition originale.

164. **FRANCE (Anatole). L'Ile des Pingouins.** *Paris. Calmann-Lévy. s. d.* **(1908). in-12. broché. sous une enveloppe demi-mar. rouge clair. dos orné. avec étui.**

Édition originale.
Un des 75 exemplaires imprimés sur **papier du Japon,**

165. **FRANCE (Anatole). L'Ile des Pingouins.** *Paris. Calmann-Lévy, s. d.* **(1908). in-12. broché.**

Édition originale.

166. **FRANCE (Anatole). Les sept Femmes de la Barbe-Bleue et autres contes merveilleux.** *Paris. Calmann-Lévy. s. d.* **(1909). in-12. broché. sous une enveloppe demi-mar. rouge clair. dos orné. avec étui.**

Édition originale.
Un des 75 exemplaires imprimés sur **papier du Japon.**

167. **FRANCE (Anatole). Les sept Femmes de la Barbe-Bleue et autres contes merveilleux.** *Paris. Calmann-Lévy. s. d.* **(1909). in-12. broché.**

Édition originale.

168. **FRANCE (Anatole). Les sept Femmes de la Barbe-Bleue et**

autres contes merveilleux. *Paris, Calmann-Lévy, s. d.* (1909), in-12, broché.

Edition originale.

169. FRANCE (Anatole). Les Dieux ont soif. *Paris, Calmann-Lévy, s. d.* (1912), in-12, broché, sous une enveloppe demi-mar. rouge clair, dos orné, avec étui.

Edition originale.
Un des **100** exemplaires imprimés sur papier du Japon.

170. FRANCE (Anatole). Les Dieux ont soif. *Paris, Calmann-Lévy, s. d.* (1912), in-12, broché.

Edition originale.

171. FRANCE (Anatole). La Comédie de Celui qui épousa une Femme muette. *Paris, Calmann-Lévy*, 1913, in-12, broché.

Première édition mise dans le commerce.

172. FRANCE (Anatole). Le Génie latin. *Paris, Lemerre*, 1913, in-12, broché, sous une enveloppe demi-mar. rouge clair, dos orné, avec étui.

Première édition collective.
Un des **50** exemplaires imprimés sur papier du Japon.

173. FRANCE (Anatole). La Révolte des anges. *Paris, Calmann-Lévy*, 1914, in-12, broché.

Edition originale.

174. FRANCE (Anatole). La Révolte des anges. *Paris, Calmann-Lévy*, 1914, in-12, broché.

Edition originale.

175. FRANCE (Anatole). Le Petit Pierre. *Paris, Calmann-Lévy, s. d.* (1918), in-12, broché.

Edition originale.
Papier de Hollande.

176. FROMENTIN (Eugène). Dominique. *Paris, Hachette*, 1863, in-12, cartonn. demi-toile, non rogné, couverture (*Champs*).

Edition originale.
Couverture doublée.

177. GIDE (André). Les Poésies d'André Walter, œuvre posthume. *Paris, Libr. de l'Art indépendant*, 1892, in-16, broché.

ÉDITION ORIGINALE.
Envoi d'auteur coupé au faux titre.

178. GIDE (André). Paludes. *Paris, Librairie de l'Art indépendant*, 1895, pet. in-4, papier de Hollande, broché, sous une enveloppe demi-mar. gris clair, dos orné, avec étui.

ÉDITION ORIGINALE.

179. GIDE (André). Lettres à Angèle, 1898-1899. *Paris, Mercure de France*, 1900, in-16, broché, sous une enveloppe demi-mar. gris clair, dos orné, avec étui.

ÉDITION ORIGINALE tirée à 300 exemplaires sur papier de Hollande.

180. GIDE (André). Le Retour de l'enfant prodigue. *Paris, Bibliothèque de l'Occident*, 1909, in-4, broché.

ÉDITION ORIGINALE tirée à 100 exemplaires sur papier vergé d'Arches.

181. GIDE (André). La Porte étroite. *Paris, Mercure de France*, 1909, in-18, papier vergé, broché, avec étui.

ÉDITION ORIGINALE, tirée à 300 exemplaires.

182. GIDE (André). Dostoievsky d'après sa correspondance. *Paris, Figuière et Cie*, 1911, in-12 de 36 pages, broché.

ÉDITION ORIGINALE.

183. GIDE (André). Isabelle, récit. *Nouvelle Revue française*, 1911, in-18, broché, sous une enveloppe demi-mar. gris clair, dos orné, avec étui.

ÉDITION ORIGINALE.
Cet exemplaire est du tirage du 20 juin 1911.

184. GIDE (André). Nouveaux Prétextes. Réflexions sur quelques points de littérature et de morale. *Paris, Mercure de France*, 1911, in-12, broché, sous une enveloppe demi-mar. gris clair, dos orné, avec étui.

ÉDITION ORIGINALE.
Un des 19 exemplaires imprimés sur papier de Hollande.

185. GIDE (André). Bethsabé. *Paris, Bibliothèque de l'Occident*, 1912, in-4, broché.

ÉDITION ORIGINALE, ornée d'un frontispice de *J.-M. Sert* gravé sur bois par *J.* et *C. Beltrand*.
Tirage à 150 exemplaires sur papier vergé d'Arches.

186. GIDE (André). Souvenirs de la cour d'assises. *Paris, Nouvelle Revue française*, 1913, in-12, broché.

ÉDITION ORIGINALE.

187. GIDE (André). La Symphonie pastorale. Edition originale. *Paris, Nouvelle Revue française*, 1919, in-16, papier vélin, broché.

ÉDITION ORIGINALE.

188. GILKIN (Iwan). La Damnation de l'artiste. *Bruxelles, Deman*, 1890, gr. in-8, broché, sous une enveloppe demi-mar. noir à longs grains, avec étui.

ÉDITION ORIGINALE, ornée d'une lithographie par *Odilon Redon*. Tirage à 150 exemplaires; celui-ci est un des **10 imprimés sur papier du Japon**; il contient DEUX ÉTATS du frontispice dont un avec la pierre lithographique barrée.

189. GILKIN (Iwan). La Damnation de l'artiste. *Bruxelles, Edmond Deman*, 1890, gr. in-8, broché.

ÉDITION ORIGINALE, ornée d'une lithographie par *Odilon Redon*. Tirage à 150 exemplaires; celui-ci est un des 140 imprimés sur papier de Hollande; il est fatigué.

190. GILKIN (Iwan). Ténèbres. *A Bruxelles, Edmond Deman*, 1892, gr. in-8, papier de Hollande, broché, sous une enveloppe demi-mar. noir à longs grains, avec étui.

ÉDITION ORIGINALE, tirée à 150 exemplaires, dont 110 seulement mis dans le commerce; elle est ornée d'un frontispice, lithographie d'*Odilon Redon*.

191. GILKIN (Iwan). Savonarole, drame. *Bruxelles, Lamertin*, 1906, in-12, broché, sous une enveloppe demi-basane violette, avec étui.

ÉDITION ORIGINALE.
Papier du Japon.

192. GONCOURT (Edmond de). La Saint-Huberty d'après sa correspondance et ses papiers de famille. *Paris, Dentu*, 1882, in-16, broché, sous une enveloppe demi-veau tête de nègre, dos orné, avec étui.

ÉDITION ORIGINALE, ornée d'un frontispice à l'eau-forte par *A. Lalauze*, de vignettes par *Henriot* et d'encadrements gravés sur bois.

Un des 25 exemplaires imprimés sur **papier de Chine** renfermant une DOUBLE ÉPREUVE du frontispice : en sanguine et en noir, AVANT la lettre.

193. **GOURMONT** (Rémy de). Le Fantôme. *Paris, Mercure de France*, 1893, in-12 en hauteur, broché, sous enveloppe demi-chag. brun, avec étui.

ÉDITION ORIGINALE ornée de deux lithographies d'*Henry de Groux*.
Un des 18 exemplaires imprimés sur **Japon français rose fané** contenant les lithographies en **trois états** : sur Japon rose, sur Chine et sur papier vélin.

194. **GOURMONT** (Rémy de). Le Livre des Masques, portraits symbolistes, gloses et documents sur les écrivains d'hier et d'aujourd'hui. Les masques, au nombre de XXX, dessinés par F. Vallotton. *Paris, Mercure de France*, 1896, in-12, broché, sous une enveloppe demi-mar. La Vall., avec étui.

ÉDITION ORIGINALE.
Un des 25 exemplaires imprimés sur **papier de Chine**.

195. **GOURMONT** (Rémy de). Le Vieux roi, tragédie nouvelle. *Paris, Mercure de France*, 1897, in-12, broché, sous une enveloppe demi-mar. brun, avec étui.

ÉDITION ORIGINALE tirée à 300 exemplaires.
Envoi autographe (au crayon bleu) de l'auteur à José-Maria de Heredia.

196. **GOURMONT** (Rémy). Les Chevaux de Diomède, roman. *Paris, Mercure de France*, 1897, in-12, dos et coins de mar. rouge, fil. à froid, tête dor., non rogné (*Couvert.*).

ÉDITION ORIGINALE.

197. **GOURMONT** (Rémy de). Le Chemin de velours. Nouvelles dissociations d'idées. *Paris, Mercure de France*, 1902, in-12, broché.

ÉDITION ORIGINALE.
Envoi autographe de l'auteur à J.-M. de Heredia.
Premier plat de la couverture détaché du volume.

198. **GOURMONT** (Rémy de). Dialogue des amateurs sur les choses du temps 1905-1907 (Epilogues, IVe série). *Paris, Mercure de France*, 1907, in-12, broché.

ÉDITION ORIGINALE.

199. GOURMONT (Rémy de). Une Nuit au Luxembourg. *Paris, Mercure de France,* 1906, in-12, broché.

Edition originale.

200. GOURMONT (Rémy de). Lilith, suivi de Théodat. *Paris, Mercure de France,* 1906, in-12, broché.

Première édition de ces ouvrages réunis.

201. GOURMONT (Rémy de). Un Cœur virginal. *Paris, Mercure de France,* 1907, in-12, broché.

Edition originale.

202. GOURMONT (Rémy de). Couleurs, contes nouveaux suivis de choses anciennes. *Paris, Mercure de France,* 1908, in-12, broché.

Edition originale; la couverture est illustrée en couleurs par *A. Willette.*

203. HANNON (Théodore). Rimes de Joie, avec une préface de J.-K. Huysmans, un frontispice et trois gravures à l'eau-forte de Félicien Rops. *Bruxelles, Gay et Doucé,* 1881, in-12, fig., mar. gris, pampres et tête de faune mosaïqués sur le premier plat, doublé de mar. vert, bonnets de folie et éventails en mosaïque, dos orné et mosaïqué, gardes de moire verte, tête dor., non rogné, couverture, étui (*De Samblanx*).

Edition originale.
On a ajouté : 1° — Une *lettre autographe* de quatre pages de *Félicien Rops* adressée à l'auteur au sujet de l'illustration de son livre.
2° — Un *dessin* au crayon noir, portrait de l'auteur, portant la mention : *Dessiné spécialement pour l'exemplaire de mon ami Auguste Michot.* Henri Thomas.
Jolie reliure.

204. HEREDIA (José-Maria de). Les Trophées. *Paris, Lemerre,* 1893, in-8, broché.

Edition originale.
Exemplaire fatigué.

205. HUYSMANS (J.-K.). La Cathédrale. *Paris, Stock,* 1898, in-12, broché.

Edition originale.

206. JAMMES (Francis). Un Jour. *Paris, Mercure de France,* 1895, gr. in-16 carré, broché.

Edition originale.

207. **JAMMES** (Francis). L'Eglise habillée de feuilles. *Paris. Mercure de France*. 1906, in-18, broché.

Edition originale.

208. **JAMMES** (Francis). Les Géorgiques chrétiennes. Chants I à VII. *Paris. Mercure de France*. 1911-1912. 3 vol. pet. in-8, brochés, réunis sous une enveloppe demi-veau fauve, dos orné, avec étui.

Edition originale.
Un des 6 exemplaires imprimés sur **papier vélin d'Arches**.

209. **JARRY** (Alfred). Les Jours et les Nuits, roman d'un déserteur. *Paris. Mercure de France*. 1897, in-12, broché.

Edition originale.
Dos brisé.

210. **KHAYYAM** (Omar). Rubaiyât, mis en rimes françaises d'après le manuscrit d'Oxford par Jules de Marthold. *Paris. Bruxelles, Ch. Carrington*, 1910, gr. in-8 carré, broché.

Edition originale de cette version.

211. **LAFORGUE** (Jules). L'Imitation de Notre-Dame la Lune. *Paris. Vanier*. 1886, in-12, broché.

Edition originale.

212. **LAMARTINE** (Alphonse de). Nouvelles Méditations poétiques. *Paris. Urbain Canel. Audin*. 1823, in-8, broché, sous une couverture demi-mar. noir à longs grains, dos orné, avec étui.

Edition originale.

213. **LECONTE DE LISLE**. Poëmes barbares. Edition définitive, revue et considérablement augmentée. *Paris. Lemerre*. 1872, in-8, cartonn. demi-toile marb., non rogné (*Couvert.*).

Un des 100 exemplaires imprimés sur **papier de Hollande**.

214. **LECONTE DE LISLE**. Poëmes antiques. Edition nouvelle, revue et considérablement augmentée. *Paris. Lemerre*. 1874, in-8, portr. à l'eau-forte, broché.

Edition en partie originale.
Un des 100 exemplaires imprimés sur **papier de Hollande** renfermant le portrait en épreuve avant la lettre.

215. LEMAITRE (Jules). Impressions de Théâtre. *Paris, Lecène et Oudin*, 1888-1898, 10 vol. in-12, cartonn. dos et coins de toile grise, tr. jasp.

La première et les quatre dernières séries sont en ÉDITIONS ORIGINALES.

216. LOTI (Pierre). La Mort de Philæ. *Paris, Calmann-Lévy, s. d.* (1908), in-12, broché.

ÉDITION ORIGINALE.

217. LOUŸS (Pierre). La Femme et le Pantin, roman espagnol, orné d'une reproduction en héliogravure du Pantin de Goya. *Paris, Mercure de France*, 1898, in-8, broché.

ÉDITION ORIGINALE.

218. LOUŸS (Pierre). Les Chansons de Bilitis, traduites du grec par Pierre Louÿs et ornées d'un portrait de Bilitis dessiné par P. Albert Laurens d'après le buste polychrome du Musée du Louvre. *Paris, Mercure de France*, 1898, in-8, portrait, dos et coins de mar. rose, tête dor., non rogné (*Couvert.*).

219. LOUŸS (Pierre). Les Aventures du roi Pausole. *Paris, Fasquelle*, 1901, in-12, broché.

ÉDITION ORIGINALE.

220. MAETERLINCK (Maurice). Les Aveugles. *Bruxelles, Lacomblez, s. d.* (1890), in-16, broché, sous une enveloppe demi-mar. bleu gris, dos orné, avec étui.

ÉDITION ORIGINALE tirée à 150 exemplaires.

221. MAETERLINCK (Maurice). L'Ornementation des noces spirituelles, de Ruysbroeck l'admirable, traduit du flamand et accompagné d'une introduction par Maurice Maeterlinck. *Bruxelles, Lacomblez*, 1891, in-12, dos et coins de mar. crème, fil. à froid, tête dor., non rogné, premier plat de la couverture.

ÉDITION ORIGINALE.

222. MAETERLINCK (Maurice). Les Sept Princesses. *Bruxelles, Lacomblez*, 1891, in-12, cartonn. dos et coins de mar. violet, fil., dos orné, tête dor., non rogné (*Couvert.*).

ÉDITION ORIGINALE.

223. **MAETERLINCK** (Maurice). Alladine et Palomides, Intérieur, et la Mort de Tintagiles : trois petits drames pour marionnettes. *Bruxelles, Deman*, 1894, in-16, dos et coins de mar. crème, fil. à froid, tête dor., non rogné (*Couvert.*).

ÉDITION ORIGINALE.

224. **MAETERLINCK** (Maurice). Les Disciples à Saïs et les fragments de Novalis, traduits de l'allemand et précédés d'une introduction. *Bruxelles, Lacomblez*, 1895, in-12, broché sous une enveloppe demi-mar. gris bleu, dos orné, avec étui.

Un des 20 exemplaires imprimés sur **papier de Hollande**.

225. **MAETERLINCK** (Maurice). Le Trésor des humbles. *Paris, Mercure de France*, 1896, in-12, broché.

ÉDITION ORIGINALE.
Cassures à la couverture.

226. **MAETERLINCK** (Maurice). La Sagesse et la Destinée. *Paris, Fasquelle*, 1898, in-12, broché.

ÉDITION ORIGINALE.
Un des 15 exemplaires imprimés sur **papier du Japon**.

227. **MAETERLINCK** (Maurice). Théâtre. *Bruxelles, Deman*, 1901, 3 vol. in-8, mar. brun, encadr. de bandes entrelacées en mosaïque, dos mosaïqué, encadr. int. de mar. avec fil., gardes de soie brochée, tr. dor. sur brochure, couvertures, étuis (*Canape*).

PREMIÈRE ÉDITION COLLECTIVE.

Exemplaire unique tiré sur **papier de Hollande** et composé pour l'éditeur.

On y a ajouté la suite des 10 compositions lithographiées par *Auguste Donnay*, épreuves en **deux états** sur **peau de vélin** et sur **satin** accompagnée des **dix dessins originaux**.

Chaque plat intérieur des reliures est orné d'UNE GRANDE ET BELLE AQUARELLE d'*Auguste Donnay* sur vélin, encadrée par des filets dorés.

Beau livre bien relié.

228. **MAETERLINCK** (Maurice). Le Temple enseveli. *Paris, Fasquelle*, 1902, in-12, broché.

ÉDITION ORIGINALE.

229. **MAETERLINCK** (Maurice). Joyzelle, pièce en cinq actes.

Paris, Fasquelle, 1903, in-12, broché, sous une enveloppe demi-mar. gris bleu, dos orné, avec étui.

Edition originale.
Un des **25** exemplaires imprimés sur **papier de Hollande.**

230. MAETERLINCK (Maurice). Joyzelle, pièce en cinq actes. *Paris, Fasquelle,* 1903, in-12, broché.

Edition originale.

231. MAETERLINCK (Maurice). Le double jardin. *Paris Fasquelle,* 1904, in-12, broché.

Edition originale.

232. MAETERLINCK (Maurice). L'Intelligence des fleurs. *Paris, Fasquelle,* 1907, in-12, broché, sous une enveloppe demi-mar. bleu gris, dos orné, avec étui.

Edition originale.
Un des **45** exemplaires imprimés sur **papier de Hollande.**

233. MAETERLINCK (Maurice). L'Intelligence des fleurs. *Paris, Fasquelle,* 1907, in-12, broché.

Edition originale.
Exemplaire imprimé sur **papier de Hollande,** non numéroté.

234. MAETERLINCK (Maurice). L'Oiseau bleu, féerie en cinq actes et dix tableaux. *Paris, Fasquelle,* 1909, in-12, broché.

Edition originale.

235. MAETERLINCK (Maurice). La Mort. *Paris, Fasquelle,* 1913 in-12, broché, sous une enveloppe demi-mar. bleu gris, dos orné, avec étui.

Edition originale.
Un des **20** exemplaires imprimés sur **papier du Japon.**

236. MAETERLINCK (Maurice). La Mort. *Paris, Fasquelle,* 1913, in-12, broché.

Edition originale.

237. MAETERLINCK (Maurice). Les Débris de la guerre. *Paris, Fasquelle,* 1916, in-12, broché.

Edition originale.
Exemplaire imprimé sur **papier de Hollande,** non numéroté.

238. **MAETERLINCK** (Maurice). Les Sentiers dans la montagne. *Paris, Fasquelle*, 1919, in-12, broché.

Édition originale.
Un des 20 exemplaires imprimés sur papier du Japon.

239. **MAETERLINCK** (Maurice). Le Bourgmestre de Stilmonde, pièce en trois actes. *Paris, Édouard-Joseph*, 1919, gr. in-16, broché.

Édition originale, ornée de trente bois dessinés et gravés par *Picart Le Doux*.
Un des 75 exemplaires imprimés sur papier du Japon renfermant le tirage à part, en bistre, des illustrations.

240. **MAETERLINCK** (Maurice). Le Bourgmestre de Stilmonde, pièce en trois actes, in-16, broché.

Même édition.
Un des 100 exemplaires imprimés sur papier lilas, renfermant le tirage à part, en bistre, des illustrations.

241. **MALLARMÉ** (Stéphane). Villiers de l'Isle-Adam. Avec portrait gravé par Marcellin Desboutin. *Bruxelles, Lacomblez*, 1892, in-16, broché.

Réimpression de la conférence publiée en 1890.
Un des 10 exemplaires imprimés sur papier du Japon contenant deux états du portrait : en bistre et en sanguine.

242. **MALLARMÉ** (Stéphane). Les Poésies de S. Mallarmé. Frontispice de F. Rops. *Bruxelles, Deman*, 1899, gr. in-8, dos et coins de mar. gris, fil., dos orné et mosaïqué, tête dor., ébarbé (*Couvert.*).

Première édition imprimée.

243. **MALLARMÉ** (Stéphane). Un Coup de dés jamais n'abolira le hasard. *Paris, Nouvelle Revue française*, 1914, in-4, papier vergé, broché.

Édition originale d'un poème paru dans la revue *Cosmopolis* en mai 1897.

244. **MIRBEAU** (Octave). Les Mauvais Bergers, pièce en cinq actes. *Paris, Charpentier et Fasquelle*, 1898, in-12, broché, étui (*Couvert.*).

Édition originale.
Un des 20 exemplaires imprimés sur papier de Hollande

245. MIRBEAU (Octave). Le Journal d'une Femme de chambre. *Paris, Fasquelle*, 1900, in-12, broché.

ÉDITION ORIGINALE.

246. MIRBEAU (Octave). Les Affaires sont les affaires, comédie en trois actes. *Paris, Fasquelle*, 1903, in-12, broché.

ÉDITION ORIGINALE.

247. MIRBEAU (Octave). Farces et moralités. L'Epidémie. — Vieux ménage. — Le Portefeuille. — Les Amants. — Scrupules. — Interview. *Paris, Fasquelle*, 1904, in-12, broché, sous une enveloppe demi-cuir de Russie rouge clair, avec étui.

ÉDITION EN PARTIE ORIGINALE.
Un des 20 exemplaires imprimés sur **papier de Hollande.**

248. MORÉAS (Jean). Les Cantilènes. *Paris, Vanier*, 1886, in-12, broché.

ÉDITION ORIGINALE.

249. MORÉAS (Jean). Les Stances. *Paris, Mercure de France*, 1905, in-12, broché.

PREMIÈRE ÉDITION COLLECTIVE comprenant les Livres I à VI ; elle est ornée d'un portrait de l'auteur par *A. De La Gandara.*

250. MUSSET (Alfred de). Un Caprice, comédie en un acte. *Paris, Charpentier*, 1847. — Il ne faut jurer de rien, comédie en trois actes. *Ibid., id.*, 1849. — Bettine, comédie en un acte. *Ibid., id.*, 1851. — Ens. 3 pièces in-12, cartonn. dos et coins de mar. bleu, non rognés, couvertures (*Durvand et De Samblanx*).

PREMIÈRES ÉDITIONS SÉPARÉES pour les deux premières pièces et ÉDITION ORIGINALE pour la dernière.
Couvertures doublées aux deux premières pièces.

251. MUSSET (Alfred de). Poésies nouvelles (1840-1849). *Paris, Charpentier*, 1850, in-12, cartonn. dos et coins de mar. bleu, ébarbé, couverture (*De Samblanx*).

ÉDITION ORIGINALE.

252. MUSSET (Alfred de). Histoire d'un Merle blanc, suivi de l'Oraison funèbre d'un ver à soie et de A quoi tient le cœur d'un lézard, par P.-J. Stahl (Hetzel). *Paris, Collection Hetzel, Blanchard*, 1853, in-18, cartonn. dos et coins de mar. blanc, fil., dos orné, tête dor., non rogné, couverture (*De Samblanx*).

ÉDITION ORIGINALE.

253. NOAILLES (Comtesse Mathieu de). Les Forces éternelles. *Paris, Fayard et Cie*, 1920, in-12, broché.

Edition originale.
Un des 50 exemplaires imprimés sur **papier de Chine**.

254. NOAILLES (Comtesse Mathieu de). Les Forces éternelles. *Paris, Fayard et Cie*, 1920, in-12, broché.

Edition originale.
Papier de Hollande.

255. NOAILLES (Comtesse Mathieu de). Les Forces éternelles. *Paris, Fayard et Cie*, 1920, in-12, broché.

Edition originale.
Exemplaire imprimé sur **papier Lafuma.**

256. RÉGNIER (Henri de). Poèmes anciens et romanesques, 1887-1889. *Paris, Librairie de l'Art indépendant*, 1890, pet. in-8, cartonn. veau racine, fil., tête dor., non rogné (*Couvert.*).

Edition originale.
Sur le faux titre :

A Charles Morice,
Sympathiquement,
Henri de Régnier.

257. RÉGNIER (Henri de). Tel qu'en songe. *Paris, Librairie de l'Art indépendant*, 1892, pet. in-8, cartonn. toile beige, tête rouge, ébarbé (*Couvert.*).

Edition originale.
Sur le faux titre :

A M. Paul Géraldy,
Sympathie,
Henri de Régnier.

258. RÉGNIER (Henri de). Le Trèfle noir, orné par Alphonse Hérold. *Paris, Mercure de France*, 1895, pet. in-16, pap. vergé, broché.

Edition originale.

259. RÉGNIER (Henri de). Les Médailles d'argile, poèmes. *Paris, Mercure de France*, 1900, in-12, broché.

Edition originale.

260. RÉGNIER (Henri de). La Cité des eaux. *Paris, Mercure de France*, 1902, in-12, broché.

Edition originale.

261. RÉGNIER (Henri de). Les Vacances d'un jeune homme sage, roman. *Paris, Mercure de France*, 1903, in-12, broché, sous une enveloppe demi-veau vert, dos orné, avec étui.

Edition originale.
Un des **39** exemplaires imprimés sur **papier de Hollande.**

262. RÉGNIER (Henri de). Les Rencontres de M. Bréot, roman. *Paris, Mercure de France*, 1904, in-12, broché.

Edition originale.

263. RÉGNIER (Henri de). La Sandale ailée, 1903-1905. *Paris Mercure de France*, 1906, in-12, broché.

Edition originale.

264. RÉGNIER (Henri de). Le Miroir des Heures, 1906-1910. *Paris, Mercure de France*, 1910, in-12, broché, sous une enveloppe demi-veau vert, dos orné, avec étui.

Edition originale.
Un des **69** exemplaires imprimés sur **papier de Hollande.**

265. RÉGNIER (Henri de). L'Amphisbène, roman moderne. *Paris, Mercure de France*, 1912, in-12, broché, dans une enveloppe demi-bas. verte, avec étui.

Edition originale.
Un des **97** exemplaires imprimés sur **papier de Hollande.**

266. RENAN (Ernest). Ouvrages divers. *Paris, Calmann Lévy*, 1877-1906, 19 vol. in-8, cartonn. toile grise, têt. jasp., ébarbés, couvertures.

Histoire des origines du christianisme ; 7 vol. — Le Livre de Job. — Le Cantique des Cantiques. — Histoire du peuple d'Israël. — Etudes (et Nouvelles Etudes) d'histoire religieuse ; 2 vol. — Essais de morale et de critique. — Mélanges d'histoire et de voyages. — Questions contemporaines. — Dialogues philosophiques. — L'Avenir de la science. — Drames philosophiques. — Cahiers de Jeunesse.
Le dernier ouvrage est en édition originale.

267. RENAN (Ernest). L'Abbesse de Jouarre. *Paris, Calmann Lévy*, 1886, in-8, dos et coins de mar. bleu, têt. dor., ébarbé (*Couvert.*).

Edition originale.

268. RENARD (Jules). La Lanterne sourde. *Paris. Ollendorff.* 1893, in-16, broché.

Édition originale.

269. RENARD (Jules). Le Vigneron dans sa vigne. *Paris. Mercure de France.* 1894, pet. in-18, papier vergé, tiré en 3 couleurs, noir, rouge et vert, broché, sous une enveloppe demi-mar. brun, dos orné, avec étui.

Édition originale.

270. RENARD (Jules). Histoires naturelles. *Paris. Flammarion, s. d.* (1896), in-16, carré, broché, sous une enveloppe demi-mar. La Vall., dos orné, avec étui.

Édition originale.
Un des **10** exemplaires imprimés sur **papier de Hollande**.

271. RENARD (Jules). La Maîtresse. Dessins de F. Vallotton. *Paris. Simonis Empis.* 1896, in-12, broché.

Édition originale.

272. RENARD (Jules). Nos frères farouches. Ragotte. *Paris. Fayard, s. d.* (1907), in-12, broché, sous enveloppe demi-chag. brun, avec étui.

Édition originale.
Un des **200** exemplaires imprimés sur **papier de Hollande**.

273. RENARD (Jules). Mots d'écrit. *Nevers. Publication des Cahiers nivernais.* 1908, in-16, broché.

Édition originale.
Papier de Hollande.

274. RENARD (Jules). La Bigote, comédie en deux actes. *Paris. Ollendorff.* 1910, pet. in-8, broché.

Édition originale.

275. RENARD (Jules). L'Œil clair. *Paris. Nouvelle Revue française.* 1914, in-12, broché.

Édition originale.

276. RICHEPIN (Jean). Les Blasphèmes. Avec un portrait de l'auteur par E. de Liphart. *Paris. Dreyfous.* 1884, in-4, broché.

Édition originale.
Un des **75** exemplaires imprimés sur **papier Whatman** ; il ne contient qu'une seule épreuve du portrait : sur Whatman avant la lettre

277. RODENBACH (Georges). Le Foyer et les champs, poésies. *Paris, Victor Palmé*, 1877, in-16, broché.

ÉDITION ORIGINALE.

278. RODENBACH (Georges). L'Hiver mondain. Illustré de deux croquis de Jan Van Beers. *Bruxelles, H. Kistemaeckers*, 1884, in-12, broché.

ÉDITION ORIGINALE.

279. RODENBACH (Georges). La Jeunesse blanche. *Paris, Lemerre*, 1886, in-12, broché.

ÉDITION ORIGINALE de ces poésies.
On y a joint: Les Tristesses, poésies. Deuxième édition. *Ibid., id.*, 1879, in-12, broché. Ens. 2 vol.

280. RODENBACH (Georges). Le Règne du silence, poème. *Paris Bibliothèque-Charpentier*, 1891, in-12, broché.

ÉDITION ORIGINALE.

281. RODENBACH (Georges). Le Voyage dans les yeux. *Paris Ollendorff*, 1893, in-16, broché.

ÉDITION ORIGINALE.

282. RODENBACH (Georges). Musée de béguines. *Paris, Charpentier et Fasquelle*, 1894, in-12, broché.

ÉDITION ORIGINALE.
Un des 15 exemplaires imprimés sur **papier de Hollande.**

283. RODENBACH (Georges). Musée de béguines. *Paris, Charpentier et Fasquelle*, 1894, in-12, broché, sous une enveloppe demi-mar. rouge à longs grains, avec étui.

ÉDITION ORIGINALE.
Exemplaire fatigué.

284. RODENBACH (Georges). La Vocation. Illustrations de H. Cassiers. *Paris, Ollendorff*, 1895, pet. in-12, format agenda broché.

ÉDITION ORIGINALE.

285. RODENBACH (Georges). Le Mirage, drame en quatre actes. *Paris, Ollendorff*, 1901, pet. in-8, broché.

ÉDITION ORIGINALE.
Un des 5 exemplaires imprimés sur **papier du Japon.**

286. **ROSTAND (Edmond)** La Samaritaine, évangile en trois tableaux, en vers. *Paris, Fasquelle*, 1897, in-8, broché.

Edition originale.

287. **ROSTAND (Edmond)**. Cyrano de Bergerac, comédie héroïque en cinq actes, en vers. *Paris, Fasquelle*, 1898, pet. in-8, broché.

Edition originale.

288. **ROSTAND (Edmond)**. L'Aiglon, drame en six actes, en vers. *Paris, Fasquelle*, 1900, pet. in-8, broché.

Edition originale.

289. **ROSTAND (Edmond)**. Un Soir à Hernani. 26 Février 1902. *Paris, Fasquelle*, 1902. — Discours de réception à l'Académie française. *Ibid., id.*, 1903 (Papier de Hollande). Ens. 2 plaquettes in-12, brochées.

Editions originales.

290. **ROSTAND (Edmond)**. Chantecler, pièce en quatre actes, en vers. *Paris, Charpentier et Fasquelle*, 1910, in-8, couverture de Lalique en cuir estampé.

Edition originale tirée à 1 000 exemplaires sur papier du Japon.

291. **SAMAIN (Albert)**. Au Jardin de l'Infante, augmenté de plusieurs poèmes. — Le Chariot d'Or. — Aux Flancs du Vase, suivi de Polyphème et de Poèmes inachevés. — Contes. *Paris, Mercure de France*, 1911-1912, 4 vol. in-8, papier vélin, brochés, sous enveloppes demi-veau violet foncé, dos ornés, avec étuis.

Edition de luxe comprenant les *Œuvres complètes* d'Albert Samain; chaque volume est orné d'un frontispice en couleurs par *Aug.-H. Thomas*.

292. **SCHWOB (Marcel)**. Mimes, avec un prologue et un épilogue. *Paris, Mercure de France*, 1894, in-16, papier vergé, broché, sous une enveloppe demi-mar. rouge, avec étui.

Première édition en librairie; elle a été tirée à 270 exemplaires ornés d'une couverture illustrée par *Jean Veber*.

293. **SCHWOB (Marcel)**. Le Livre de Monelle. *Paris, Chailley*, 1894, in-16, broché.

Edition originale, dos brisé

294. SCHWOB (Marcel). Spicilège. *Paris, Mercure de France*, 1896, in-12, broché.

Édition originale.

295. STENDHAL. Correspondance (1800-1842), publiée par Ad. Paupe et P.-A. Cheramy. Préface de Maurice Barrès. *Paris, Ch. Bosse*, 1908, 3 vol. gr. in-8, brochés.

Édition en partie originale, ornée de 3 portraits de Stendhal.
Un des 50 exemplaires imprimés sur **papier de Hollande** renfermant les portraits en deux états dont un avant la lettre.

296. STENDHAL. Œuvres diverses de Stendhal et de la Bibliothèque Stendhalienne, publiées chez Edouard Champion. Réunion de 9 vol. in-8, papier vélin, portr. et fac-simile, brochés.

Vie de Henri Brulard, publiée intégralement pour la première fois d'après les manuscrits de la Bibliothèque de Grenoble, par Henry Debraye, 1913, 2 vol. — La Vie littéraire de Stendhal, par Adolphe Paupe, 1914. — Bibliographie stendhalienne, par Henri Cordier, 1914. — Vies de Haydn, de Mozart et de Métastase, texte établi et annoté par Daniel Muller. Préface de Romain Rolland, 1914. — Rome, Naples et Florence. Préface de Charles Maurras, 1919, 2 vol. — La Jeunesse de Stendhal, par Paul Arbelet, 1919, 2 vol.

297. SUARÈS (André). Ceux de Verdun. *Paris, Emile-Paul frères*, 1916, pet. in-4, papier vergé, broché.

Édition originale.

298. THARAUD (Jérôme et Jean). La Tragédie de Ravaillac. *Paris, Emile-Paul frères*, 1913, in-12, broché.

Édition originale.
Exemplaire imprimé sur **papier du Japon**, tiré spécialement pour les auteurs.

299. THARAUD (Jérôme et Jean). La Tragédie de Ravaillac. *Paris, Emile-Paul frères*, 1913, in-12, broché.

Édition originale.

300. THARAUD (Jérôme et Jean). Un Royaume de Dieu. *Paris, Plon-Nourrit et Cie*, 1920, in-12, broché.

Édition originale.

301. TOULET (P.-J.). La Jeune fille verte. *Paris, Emile-Paul frères*, 1920, in-12, broché.

Édition originale.

302. VAN LERBERGHE (Charles). Pan, comédie satirique en trois actes, en prose. *Paris, Mercure de France*, 1906, in-12 broché, sous une enveloppe demi-mar. bleu foncé à longs grains, dos orné, avec étui.

Édition originale.
Un des 15 exemplaires imprimés sur papier de Hollande

303. VANZYPE (Gustave). Les Semailles, pièce en trois actes (*Bruxelles*). *Le Livre et l'Estampe modernes*, 1919, gr. in-8, texte réimposé, broché.

Édition originale.
Un des 60 exemplaires imprimés sur papier d'Arches ; celui-ci (n° 34) est au nom de M. Michot.

304. VERHAEREN (Emile). Les Flamandes, poésies. *Bruxelles Lucien Hochsteyn*, 1883, in-12, broché.

Édition originale.
Dos brisé.

305. VERHAEREN (Emile). Les Moines, poésies. *Paris, Lemerre* 1886, in-12, broché.

Édition originale.

306. VERHAEREN (Emile). Les Apparus dans mes chemins. *Bruxelles, Lacomblez*, 1891, in-16, broché, sous une enveloppe demi-vélin blanc, dos orné, avec étui.

Édition originale.

307. VERHAEREN (Emile). Flambeaux noirs. *Bruxelles, Deman* 1891, tr. gr. in-8, papier de Hollande, broché, sous une enveloppe demi-vélin blanc, dos orné, avec étui.

Édition originale, tirée à 100 exemplaires.

308. VERHAEREN (Emile). Les Campagnes hallucinées. Les Villes tentaculaires. — Les Aubes. *Bruxelles, Deman*, 1893-1898, 3 vol. in-8, brochés.

Éditions originales.

309. VERHAEREN (Emile). Almanach, cahier de vers ornementé par Théo Van Rysselberghe. *Bruxelles, Dietrich et Cie*, 1895, pet. in-4 carré, broché.

Édition originale ; l'almanach est orné de 4 illustrations à pleine page, d'en-têtes et culs-de-lampe ; la couverture a été tirée, ainsi que les lettres ornées, en couleur orange.

Un des **50** exemplaires imprimés sur **papier du Japon** signés et paraphés par l'auteur et par l'artiste.

310. VERHAEREN (Emile). Almanach, pet. in-4 carré, papier Ingres, broché.

Même édition.

311. VERHAEREN (Emile). Les Villages illusoires. *Bruxelles, Deman*, 1895, in-16, papier vélin teinté, broché.

Édition originale ; l'ouvrage est orné de quatre figures sur bois par *Georges Minne*.

312. VERHAEREN (Emile). Poèmes (Nouvelle série) Les Soirs, Les Débâcles, Les Flambeaux noirs. *Paris, Mercure de France*, 1896, in-12, broché.

Première édition collective.

313. VERHAEREN (Emile). Les Visages de la vie. *A Bruxelles, chez l'éditeur Edmond Deman*, 1899, pet. in-8, broché.

Édition originale.

314. VERHAEREN (Emile). Le Cloître. *Bruxelles, Deman*, 1900, in-8, broché, dans une enveloppe demi-vélin, dos orné, avec étui.

Édition originale.

Un des **10** exemplaires imprimés sur **Japon impérial**.

315. VERHAEREN (Emile). Petites Légendes. *Bruxelles, Deman*, 1900, in-8, broché.

Édition originale.

Exemplaire non numéroté, imprimé sur **papier de Hollande**.

316. VERHAEREN (Emile). Petites Légendes, pet. in-fol. de 46 ff. dos et coins de mar. brun.

Manuscrit chargé de **corrections autographes** de l'auteur. Il renferme quelques variantes avec le texte imprimé et une strophe *inédite* dans la pièce *Jan Snul*.

317. VERHAEREN (Emile). Philippe II, tragédie en 3 actes *Paris, Mercure de France*, 1901, in-8, broché.

Édition originale.

318. VERHAEREN (Emile). Les Forces tumultueuses. *Paris, Mercure de France*, 1902, in-12, broché.

Edition originale.

319. VERHAEREN (Emile). Poèmes légendaires de Flandre et de Brabant, ornés de bois gravés par Raoul Dufy. *Paris, Société littéraire de France, s. d.* (1916), in-16 carré, papier vergé, broché.

Le titre porte : Deuxième mille.

320. VERHAEREN (Emile). Toute la Flandre. (Les Tendresses premières. — La Guirlande des dunes. — Les Héros. — Les Villes à pignons. — Les Plaines). *Bruxelles, Deman*, 1904-1911, 5 vol. in-8, brochés.

Edition originale.
Un des 25 exemplaires imprimés sur **papier de Hollande** pour *Les Tendresses premières*.
Un des 10 exemplaires imprimés sur **papier du Japon** pour les quatre ouvrages suivants.

321. VERHAEREN (Emile). Les Heures d'après-midi. *Bruxelles, Deman*, 1905, in-12, broché, sous une enveloppe demi-vélin blanc, dos orné, avec étui.

Edition originale.
Un des 10 exemplaires imprimés sur **papier du Japon**.

322. VERHAEREN (Emile). La Multiple splendeur, poèmes. *Paris, Mercure de France*, 1906, in-12, broché, sous une enveloppe demi-vélin blanc, dos orné, avec étui.

Edition originale.
Un des 5 exemplaires imprimés sur **papier du Japon**.

323. VERHAEREN (Emile). La Multiple splendeur, poèmes. *Paris, Mercure de France*, 1906, in-12, broché.

Edition originale.

324. VERHAEREN (Emile). Pierre-Paul Rubens. *Bruxelles, G. Van Oest et Cie*, 1910, in-8, broché.

Edition originale.

325. VERHAEREN (Emile). Les Rythmes souverains, poèmes. *Paris, Mercure de France*, 1910, in-8, mar. olive, encadr. de

10 fil. entrelacés, lyre au centre des plats, dos orné, fil. int., tête dor., non rogné, couverture, étui (*De Samblanx*).

Edition originale.
Tirage spécial sur **papier du Japon** fait pour la Société des Bibliophiles et Iconophiles de Belgique.

326. VERHAEREN (Emile). Les Rythmes souverains, poèmes. *Paris, Mercure de France*, 1910, in-4, fac-similé, mar. olive, fil. et comp. dor. et à froid, lyre et branches de lauriers mosaïquées sur le premier plat, fil. int., tr. dor. sur témoins, couverture, étui (*De Samblanx*).

Edition originale.
Exemplaire unique imprimé sur **papier Whatman**, de format in-4, pour M. Auguste Michot.

327. VERHAEREN (Emile). Les Rythmes souverains, poèmes. *Paris, Mercure de France*, 1910, in-12, broché, sous une enveloppe demi-vélin blanc, dos orné, avec étui.

Edition originale.
Un des **5** exemplaires imprimés sur **papier du Japon**.

328. VERHAEREN (Emile). Les Rythmes souverains, poèmes. *Paris, Mercure de France*, 1910, in-12, broché.

Edition originale.

329. VERHAEREN (Emile). Les Heures du soir. *Leipzig, Insel-Verlag*, 1911, gr. in-8, cartonn. mar. La Vall. de l'éditeur, non rogné, étui.

Edition originale.
Un des **50** exemplaires imprimés sur **papier du Japon**.

330. VERHAEREN (Emile). Les Blés mouvants. Portrait de l'auteur gravé sur bois par P.-E. Vibert. *Paris, Crès et Cie*, 1912, in-12, broché, sous une enveloppe demi-vélin blanc, dos orné, avec étui.

Edition originale.
Un des **3** exemplaires imprimés sur **vieux Japon**.

331. VERHAEREN (Emile). Les Blés mouvants. *Paris, Crès et Cie*, 1912, in-12, broché.

Edition originale, ornée d'un portrait gravé sur bois par *P.-E. Vibert*.

332. VERHAEREN (Emile. Œuvres. *Paris, Mercure de France*, 1914, 2 vol. in-12, brochés.

Première édition collective, contenant : Les Campagnes hallucinées. Les Villes tentaculaires. Les Douze mois. Les Visages de la vie. Les Soirs. Les Débâcles. Les Flambeaux noirs. Les Apparus dans mes chemins. Les Villages illusoires. Les Vignes de ma muraille.
Un des **25** exemplaires imprimés sur **papier vergé d'Arches**.

333. VERHAEREN (Emile). Les Ailes rouges de la guerre, poèmes. *Paris, Mercure de France*, 1916, in-12, broché.

Édition originale.
Un des **45** exemplaires imprimés sur **papier du Japon**.

334. VERHAEREN (Emile). Les Flammes hautes, poèmes. *Paris, Mercure de France*, 1917, in-12, broché.

Édition originale.
Un des **49** exemplaires imprimés sur **papier du Japon**.

335. VERHAEREN (Emile). Conférence faite à la Maison du Livre, par Georges Eekhoud. *Edité par la Maison du Livre* (*Bruxelles, Impr. Goossens*), 1918, in-4, fig. et pl., broché.

Un des **60** exemplaires sur **papier de Hollande Van Gelder**, contenant les planches en deux états : en noir et en couleurs. Celui-ci n° 7 est au nom de M. Michot.

336. VERLAINE (Paul). Poèmes saturniens. *Paris, Lemerre*, 1866, in-12, broché.

Édition originale.
Légère marque de cachet sur un plat de la couverture.

337. VERLAINE (Paul). La Bonne Chanson. *Paris, Lemerre*, 1870, pet. in-12, mar. vert d'eau, fil., lyre mosaïquée sur les plats, dos orné, encadrement int. de mar. avec fleurettes mosaïquées, tête dor., non rogné, couverture, étui (*De Samblanx et Weckesser*).

Édition originale.

338. VERLAINE (Paul). Louise Leclercq. *Paris, Léon Vanier*, 1886, in-12, broché.

Édition originale.

339. VERLAINE (Paul). Les Mémoires d'un Veuf. *Paris, Vanier*, 1886, in-12, broché.

Édition originale.

340. VERLAINE (Paul). Amour. *Paris, Vanier*, 1888, in-12 broché.

Edition originale.

341. VERLAINE (Paul). Parallèlement. *Paris, Vanier*, 1889, in-12, broché.

Edition originale.

342. VERLAINE (Paul). Chansons pour Elle. *Paris, Vanier*, 1891, in-12, broché.

Edition originale, imprimée sur papier de Hollande.

343. VERLAINE (Paul). Mes Hopitaux. *Paris, Vanier*, 1891, in-12, portrait par Cazals, broché.

Edition originale.

344. VERLAINE (Paul). Bonheur. *Paris, Vanier*, 1891, in-12, broché.

Edition originale.

345. VERLAINE (Paul). Œuvres diverses publiées chez L. Vanier. Réunion de 5 vol. in-12, brochés.

La Bonne chanson, 1891. — Fêtes galantes, 1891. — Romances sans paroles, 1891. — Sagesse, 1893. — Liturgies intimes, 1893.

346. VERLAINE (Paul). Odes en son honneur. *Paris, Vanier*, 1893, in-12, broché.

Edition originale.

347. VERLAINE (Paul). Mes Prisons. *Paris, Vanier*, 1893, in-12, broché.

Edition originale.

348. VERLAINE (Paul). Quinze jours en Hollande, lettres à un ami. Avec un portrait de l'auteur par Ph. Zilcken. *La Haye, Paris, Vanier, s. d.* (1893), pet. in-4, papier de Hollande. broché.

Edition originale.

349. VERLAINE (Paul), Dans les limbes, *Paris, Vanier*, 1894. in-12, port., broché.

Edition originale.

350. **VERLAINE (Paul).** Epigrammes (frontispice de F.-A. Cazals). *Paris. Bibliothèque artistique et littéraire*, 1894, gr. in-16, broché.

Edition originale.

351. **VERLAINE (Paul).** Invectives. *Paris. Vanier*, 1896, in-12, broché.

Edition originale.

352. **VICAIRE (Gabriel) et Henri BEAUCLAIR.** Les Déliquescences, poëmes décadents d'Adoré Floupette. *Paris, Crès et Cie*, 1911, in-16, papier de Rives, broché.

Premier ouvrage édité pour la collection des Maîtres du Livre.

353. **VILLIERS DE L'ISLE-ADAM.** L'Amour suprême. *Paris. De Brunhoff*, 1886, in-12, fig., broché.

Edition originale.
L'édition de format in-8, annoncée dans la collection Monnier, n'a jamais été publiée.
Exemplaire fatigué ; le premier plat de la couverture est détaché.

354. **VILLIERS DE L'ISLE-ADAM.** L'Eve future. *Paris. De Brunhoff*, 1886, in-12, broché.

Edition originale.
Exemplaire fatigué.

355. **VILLIERS DE L'ISLE-ADAM.** Tribulat Bonhomet. *Paris. Tresse et Stock, s. d.* (1887), in-12, dos et coins de mar. grenat, fil. à froid, tête dor., non rogné (*Couvert.*).

Edition originale.
Les mots : Deuxième édition, ont été grattés sur la couverture.

356. **VILLIERS DE L'ISLE-ADAM.** Histoires insolites. *Paris. Librairie moderne*, 1888, in-12, dos et coins de mar. grenat, fil. à froid, tête dor., non rogné (*Couvert.*).

Edition originale.

357. **VILLIERS DE L'ISLE-ADAM.** Chez les passants (fantaisies, pamphlets et souvenirs), frontispice de Félicien Rops. *Paris. Comptoir d'édition*, 1890, in-12, broché.

Edition originale.

358. **VILLIERS DE L'ISLE-ADAM.** Chez les Passants (fantaisies,

pamphlets et souvenirs). Frontispice de Félicien Rops. *Paris, Comptoir d'édition*, 1890, in-12, dos et coins de mar. grenat, fil. à froid, tête dor., non rogné (*Couvert.*).

Edition originale.

359. VILLIERS DE L'ISLE-ADAM. Axël. *Paris, Quantin*, 1890, in-8, dos et coins de mar. bleu, tête dor., non rogné.

Edition originale.

360. VILLIERS DE L'ISLE-ADAM. Nouveaux Contes cruels et Propos d'au-delà. *Paris, Calmann Lévy*, 1893, in-12, cartonn. dos et coins de mar. rouge, non rogné, couverture (*Carayon*).

Edition originale des *Propos d'au-delà*.
Un des **40** exemplaires imprimés sur **papier de Hollande.**
Sur un feuillet de garde :
A (le nom du destinataire est gratté).
J.-K. Huysmans et Stéphane Mallarmé.

361. VILLIERS DE L'ISLE-ADAM. Nouveaux Contes cruels et propos d'au-delà. *Paris, Calmann Lévy*, 1893, in-12, broché.

Edition originale des *Propos d'au-delà*.
Un des **40** exemplaires imprimés sur **papier de Hollande.**

362. VILLIERS DE L'ISLE-ADAM. Morgane, drame en cinq actes et en prose. *Paris, Chamuel*, 1894, in-8, mar. bleu, 5 fil. et bandes de mar. La Vall., dos mosaïqué, encadr. int. de mar. avec comp. de fil., tête dor., non rogné, couverture (*Blanchetière-Bretault*).

Un des 100 exemplaires sur papier du Japon.

363. ZOLA (Emile). Le Rêve. *Paris, Charpentier et Cie*, 1888, in-12, dos et coins de mar. grenat, tête dor., ébarbé, couverture (*Junca*).

Edition originale.
Papier de Hollande.

364. ZOLA (Emile). Les Trois Villes. Paris. *Paris, Fasquelle*, 1898, in-12, broché, sous une enveloppe demi-mar. violet foncé, avec étui.

Edition originale.
Papier de Hollande.

365. ZOLA (Emile). Les Quatre Evangiles. Fécondité, 2 vol. —

Travail, 2 vol. — Vérité, 2 vol. *Paris, Fasquelle*, 1899-1903, 6 vol. in-8, brochés, sous des enveloppes demi-mar. brun, avec étuis.

Edition originale.
Papier de Hollande.

B. — LIVRES ILLUSTRES

366. ALBUM D'AQUARELLES. — In-4, veau fauve, comp. et milieu à froid, dos orné, dent. int., tr. dor. (*Rel. romantique*).

Recueil de vingt et une aquarelles par le baron *de Jussaud*, un dessin à la sépia par *L. Coignet* et un dessin au lavis non signé. Ces compositions, exécutées de 1829 à 1835, et accompagnées d'un texte manuscrit, ont pour sujets : Chronique du pays de Liège ; l'Ange et l'Enfant ; le Petit Jehan de Saintré ; la Jeune fille malade ; le Sultan Achmet ; Alix de Preuilly ; la Mort d'une fille de village ; les Mœurs des champs ; François Ier et Charles-Quint ; Histoire de Béatrix ; Roméo et Juliette ; les Roses ; l'Innocence en danger ; Don Juan ; Agnès de Méranie ; le Décoré de juillet ; la Vision ; Charles le Simple ; Madame en Vendée ; le Maréchal de Rieux ; une Visite au couvent.

Le dos de la reliure est tomé 3 et le premier plat porte l'inscription : *Sujets donnés*.

367. ARNOLD (Edwin). The Light of Asia, or the Great Renunciation (Mahâbhinishkramana) being the life and teaching of Gautama, prince of India and founder of Buddhism (as told in verse by an Indian Buddhist). *London, Trübner*, 1885, pet. in-4, front et fig., mar. citron, fil., grande composition dorée au trait dans le goût des illustrations du livre répétée sur chaque plat, fil. int., tête dor., ébarbé (*Zaehnsdorf*).

368. BALZAC (H. de). Les Contes drôlatiques colligez ez abbayes de Touraine et mis en lumière par le sieur de Balzac pour l'esbattement des pantagruelistes et non aultres. Cinquiesme édition illustrée de 425 dessins par Gustave Doré. *Se trouve à Paris, ez bureaux de la Société générale de Librairie*, 1855, pet. in-8, mar. brun, petite composition en cuir fauve reproduisant la vignette du titre, dent. int., tête dor., non rogné, couverture, étui (*De Samblanx-Weckesser*).

Premier tirage des illustrations de *Gustave Doré*.

La couverture est au nom de *Delahays* ; la date 1857 est transformée en 1855 par le grattage des deux II.

369. BALZAC (H. de). La Comédie humaine. Texte révisé et annoté par Marcel Bouteron et Henri Longnon. Illustrations de Charles Huard gravées sur bois par Pierre Gusman. *Paris, Conard*, 1912-1914, 21 vol. pet. in-8 carré, brochés.

370. BASSES DANSES. Le Manuscrit dit des Basses Danses de la Bibliothèque de Bourgogne. Introduction et transcription par Ernest Closson. *(Bruxelles), Soc. des Bibliophiles et Iconophiles de Belgique*, 1912, in-8, oblong, en feuilles dans un carton avec rabats, attaches et étui.

Frontispice en couleurs, 77 pages de texte et 31 planches de musique.

Un des 125 exemplaires imprimés sur papier du Japon réservés aux membres de la Société ; ils contiennent les 23 planches de musique ancienne tirées en or et argent sur papier noir.

371. **BEAUTÉ MORALE** des jeunes femmes. *Paris, Lefuel et Delaunay (Impr. de A. Firmin Didot), s. d.*, in-18, fig., mar. violet foncé, fil., grand compart. et milieu mosaïqués de mar. rouge et vert sur fond d'or, dos orné et mosaïqué, fil. int., tr. dor. *(Rel. de l'époque)*.

8 figures gravées en couleurs avec parties coloriées, rehaussées d'or et de gouache.

Jolie reliure mosaïquée dans le genre de Vogel, d'une très bonne conservation.

372. BRILLAT-SAVARIN. Physiologie du goût, avec une préface par Ch. Monselet. Eaux-fortes par Ad. Lalauze. *Paris, Libr. des Bibliophiles*, 1879, 2 vol. in-16, fig., cartonn. mar. rouge, fil., dos ornés, tête dor., non rognés, couvertures, étui *(De Samblanx et Weckesser)*.

On y a ajouté une seconde épreuve du portrait et le **tirage à part** des vignettes de *Lalauze*.

373. BUFFIN (Bon Camille). La Jeunesse de Léopold Ier, roi des Belges. Préface de M. Henri Pirenne. *Bruxelles, Lamertin*, 1914, pet. in-4, broché.

Tirage spécial sur papier vélin destiné aux membres de la « Société des Bibliophiles et Iconophiles de Belgique ».

Exemplaire n° 33 au nom de M. Auguste Michot ; il renferme le tirage à part en noir sur Japon pelure, des portraits et reproductions de tableaux qui ornent l'ouvrage.

374. **BUYSSE** (Cyriel). Contes des Pays-Bas. Illustrations de Henri Cassiers. *Paris, Piazza, s. d.* (1910), pet. in-4, fig. en couleurs, mar. vert clair, bande de mar. bleu, coins et milieu

ornés d'une grande fleur de mar. bleu et blanc, dos mosaïqué, le tout serti à froid, doublé de mar. La Vall., plats entièr. couverts d'entrelacs de fil. dor. et fleurs de chardons en mosaïque, gardes de soie brochée, tr. dor. sur témoins, couverture, étui (*De Samblanx*).

Tiré à 300 exemplaires.
Un des 40 exemplaires imprimés sur **papier du Japon** contenant le **tirage à part** en noir de toutes les illustrations.
Belle reliure de De Samblanx.

375. CALENBERG (Cte Henri de). Le Journal du comte Henri de Calenberg pour l'année 1743, publiée par Eugène Bacha et Hector de Backer. *Bruxelles, Imprimé pour la Soc. des Bibliophiles et Iconophiles de Belgique*, 1913. — De Backer (H.). Le Comte Henri de Calenberg, sa vie, son époque, notice préliminaire à la publication de son journal pour l'année 1743. *Ibid., id.*, 1913. Ens. 2 vol. pet. in-4, brochés.

60 planches de portraits et reproductions.
Un des 125 exemplaires de sociétaire, imprimés sur papier d'Arches; celui-ci est au nom de M. Auguste Michot.

376. CERVANTÈS (Michel). Le Don Quichotte, traduit de l'espagnol par H. Bouchon Dubournial. *Paris, Méquignon-Darvis*, 1822, 4 vol. in-8, fig., cartonn. demi-chag. bleu, dos ornés, non rognés.

12 figures par *Eugène Lami* et *Horace Vernet*, et une carte de l'itinéraire de Don Quichotte.
Piqûres d'humidité ; tache à une figure.

377. CERVANTÈS (Michel). L'Histoire de Don Quichotte de la Manche. Première traduction française par C. Oudin et F. de Rosset, avec une préface par E. Gebhart. Dessins de J. Worms gravés à l'eau-forte par de Los Rios. *Paris, Libr. des Bibliophiles*, 1884, 6 vol. in-16, fig., mar. rouge, fil., dos ornés, dent. int., têt. dor., non rognés, couvertures, dans un étui (*Thierry*).

Un des 25 exemplaires imprimés sur **papier de Chine**, contenant les 18 eaux-fortes en deux états : avec et avant la lettre.

378. CLASSIQUES DE LA TABLE (Les) à l'usage des praticiens et des gens du monde. *Paris, au Dépôt, rue Thérèse*, 1844, in-8, fig. et encadrement sur les plats, dos orné, dent. int., tête dor., étui (*De Samblanx*).

Troisième édition décrite par M. Vicaire ; elle est ornée de 23 figures ou portraits hors texte.
Imitation de reliure romantique.

379. COLLIN DE PLANCY (J.). Bibliothèque des Légendes. *Paris, Henri Plon, s. d.* Réunion de 20 vol. in-8, brochés (sauf un cartonn. recouvert de la couvert. en couleurs).

Légendes : de l'Ancien et du Nouveau Testament, — de la Sainte Vierge, — de l'Autre monde, — de l'Histoire de France, — des Commandements de Dieu — et de l'Eglise, — des Croisades, — des Douze convives, — des Esprits, — des Femmes, — des Origines, — des Sacrements, — des Saintes images, — des Sept péchés capitaux, — des Vertus théologales, — du Calendrier, — du Juif-errant, — du Moyen âge, — Légendes infernales.
Planches en chromolithographie à chaque volume.
Exemplaire de la plus grande fraîcheur.

380. COMMANVILLE (Caroline). Souvenirs sur Gustave Flaubert. Texte et illustrations par Caroline Commanville. *Paris, Ferroud,* 1895, in-8, fig., cartonn. mar. gris jans., tête dor., non rogné (*Couvert.*).

Un des **50** exemplaires imprimés sur **papier de Chine,** avec le portrait en **triple état,** dont l'eau-forte.

381. COSTER (Charles de). Légendes flamandes, illustrées de douze eaux-fortes par Adolf Dillens, Charles de Groux, Félicien Rops, François Roffiaen, Edmond de Schampheleer, Jules Van Imschoot, Otto von Thoren, et précédées d'une préface par Emile Deschanel. *Paris, Michel Lévy frères ; Bruxelles, Méline, Cans et Comp.*, 1858, pet. in-8, cartonn. dos et coins de mar. brun, non rogné (*Couvert.*).

Édition originale ornée de 12 figures gravées à l'eau-forte, dont 3 par *Félicien Rops*.
On a relié en tête du volume une aquarelle de *Am. Lynen* formant frontispice.

382. COSTER (Charles de). Contes Brabançons. Illustrations de MM. de Groux, de Schampheleer, Duwée, Félicien Rops, Van Camp et Otto von Thoren, gravées par William Brown. *Paris, Michel Lévy frères ; Bruxelles, Leipzig,* 1861, in-8, dos et coins de chag. La Vall., couverture de l'édition collée sur les plats, tr. jasp.

Édition originale.
8 figures hors texte gravées sur bois, dont 2 par *Félicien Rops.*

383. COSTER (Charles de). La Légende et les aventures héroïques, joyeuses et glorieuses d'Ulenspiegel et de Lamme Gœdzak au pays de Flandres et ailleurs, avec préface de Camille Lemonnier. *Bruxelles, Lacomblez,* 1912, pet. in-8, broché.

Edition tirée à 255 exemplaires numérotés imprimés sur papier de Hollande Van Gelder.

384. **COSTER (Charles de). La Légende et les aventures héroïques, joyeuses et glorieuses d'Ulenspiegel et de Lamme Gœdzak au pays de Flandres et ailleurs. Illustrations de Amédée Lynen, préface inédite de Emile Verhaeren.** *Bruxelles, Lamertin, Lacomblez*, 1914, in-4, broché.

Edition tirée à 350 exemplaires ornée de 250 illustrations en noir et en couleurs dont 15 planches hors texte.
Un des 25 exemplaires (n° 6 au nom de M. Michot) imprimés sur **papier du Japon** contenant **une double suite** en noir et en couleurs des illustrations, dans un emboîtage.

385. **EEKHOUD (Georges). La Danse macabre du Pont de Lucerne. Illustrations de Roméo Dumoulin.** *Bruxelles, Dechenne*, 1920, in-16, fig. en couleurs, broché.

Edition originale tirée à 225 exemplaires sur papier de Hollande, non mis dans le commerce ; celui-ci (n° 50) a été offert à M. Michot.

386. **FÉMINIES, huit chapitres inédits dévoués à la femme, à l'amour, à la beauté, par Gyp, Abel Hermant, Henri Lavedan, Marcel Schwob et Octave Uzanne. Frontispices en couleurs d'après Félicien Rops. Encadrements et vignettes de Rudnicki.** *Paris, imprimé pour les Bibliophiles contemporains*, 1896, in-8, fig., mar. gris, encadr. de feuilles de chardon et tête de folie en mosaïque, dos mosaïqué, doublé de mar. rouge, décoration d'orchidées en mosaïque, gardes de moire rouge, tr. dor., couverture, étui (*De Samblanx*).

Tirage unique à 183 exemplaires, contenant les 8 planches de *F. Rops* en deux états : avant la lettre en noir, avec remarque et avec la lettre en couleurs.
Belle reliure de De Samblanx dont la mosaïque est sertie à froid.

387. **FLAUBERT (Gustave). Madame Bovary. Compositions de Alfred de Richemont, gravées à l'eau-forte par C. Chessa. Préface par Léon Hennique.** *Paris, Ferroud*, 1905, in-4, fig., mar. gris, dos et plats ornés d'un large encad. et milieu mosaïqués, doublé de mar. rouge, fil. et encadr. dorés, gardes de soie peinte, tr. dor., couverture, étui (*De Samblanx et Weckesser*).

Un des 80 exemplaires imprimés sur **papier du Japon**, avec les illustrations en **trois états**, dont l'**eau-forte pure**.

388. **FLAUBERT (Gustave). La Tentation de Saint Antoine. Compositions de Georges Rochegrosse, gravées en couleurs par E. Decisy.** *Paris, Ferroud*, 1907, pet. in-4, texte encadré, broché.

Exemplaire n° 29 imprimé sur **papier du Japon**, contenant **trois états** des illustrations dont l'**eau-forte** en noir et l'état terminé en couleurs avec remarques.

389. FRANCE (Anatole). La Leçon bien apprise, conte par Anatole France, imagé par Léon Lebègue pour les Bibliophiles indépendants. *Paris, Floury*, 1898, pet. in-4, fig. en couleurs, dos et coins de mar. bleu, fil., dos mosaïqué, tête dor., non rogné, couverture (*David*). 320

Edition tirée à 210 exemplaires contenant les illustrations aquarellées dans le texte et leur **tirage à part** en noir, sur papier de Chine.

390. FRANCE (Anatole). Jean Gutenberg, suivi du Traité des phantosmes de Nicole Langelier. Compositions de G. Bellenger, Bellery-Desfontaines, F. Florian et Steinlen, gravées par Deloche, Ernest et Frédéric Florian, Froment, Mathieu. *Paris, Pelletan*, 1900, pet. in-4, carré, broché. 150

Edition tirée à 113 exemplaires ; celui-ci est imprimé sur papier vélin du Marais.

391. FRANCE (Anatole). Balthasar et la reine Balkis. Aquarelles originales d'après Henri Caruchet. *Paris, Carteret et Cie*, 1900, in-8, fig. en couleurs, broché. 270

Un des **50** exemplaires imprimés sur **papier du Japon** renfermant le **tirage à part**, en noir sur Japon, des illustrations et encadrements.

392. FRANCE (Anatole). Balthasar. *S. l. n. d.*, in-fol., broché. 45

Illustrations en couleurs à chaque page par *Eugène Grasset*.

Exemplaire imprimé sur **papier du Japon**, contenant le **tirage à part** des encadrements en **deux états** : en couleurs sur Japon et en noir sur Chine.

393. FRANCE (Anatole). Thaïs. Compositions de Paul-Albert Laurens, gravures à l'eau-forte de Léon Boisson. *Paris, Librairie de la Collection des Dix*, 1900, gr. in-8, mar. rouge, fil. dor., dos orné de fil. et fleurs stylisées, 5 fil. à l'int., tr. dor. sur témoins, couverture, étui (*Chambolle-Duru*). 750

Un des **45** exemplaires imprimés sur **papier vélin** d'Arches contenant les planches hors texte en **trois états**, dont l'**eau-forte** pure, et le **tirage à part** des illustrations du texte.

394. FRANCE (Anatole). Clio. Illustrations de Mucha. *Paris, Calmann Lévy*, 1900, pet. in-8, fig. en couleurs, broché (étui). 430

Edition originale.

Un des **100** exemplaires imprimés sur **papier du Japon**.

395. FRANCE (Anatole). Clio. Illustrations de Mucha. *Paris, Calmann Lévy*, 1900, pet. in-8, broché. 160

Edition originale.

396. **FRANCE (Anatole).** L'Affaire Crainquebille. 62 compositions de Steinlen gravées par Deloche, E. et F. Florian, les deux Froment, Gusman, Mathieu et Perrichon. *Paris, Pelletan*, 1901, pet. in-4, broché.

Exemplaire n° 246 imprimé sur papier vélin du Marais.

397. **FRANCE (Anatole).** Les Noces Corinthiennes. Edition définitive, décorée de vingt compositions d'Auguste Leroux, gravées par Ernest Florian. *Paris, Pelletan*, 1902, pet. in-4, mar. La Vall., entrelacs de fil. à froid et petite décoration mosaïquée sur le premier plat, dos orné, fil. int., tr. dor. sur témoins, couverture, étui (*De Samblanx et Weckesser*).

Edition tirée à 225 exemplaires.
Exemplaire n° 172 imprimé sur papier vélin du Marais.

398. **FRANCE (Anatole).** Le Procurateur de Judée, avec quatorze compositions d'Eugène Grasset, gravées par Ernest Florian. *Paris, Pelletan*, 1902, pet. in-4, fig. mar. grenat, fil. et comp. dor., encadr. de mar. vert reproduisant celui de la couverture, dos mosaïqué, fil. int., tr. dor., couverture, étui (*De Samblanx et Weckesser*).

Exemplaire n° 192 imprimé sur papier vélin du Marais.

399. **FRANCE (Anatole).** Mémoires d'un Volontaire. Compositions de Adrien Moreau, gravées à l'eau-forte par Xavier Lesueur. *Paris, Ferroud*, 1902, in-8, fig. mar. La Vall. jans., dent. int., tr. dor., couverture (*De Samblanx et Weckesser*).

Un des **80** exemplaires imprimés sur **papier du Japon** contenant les illustrations en **deux états**.

400. **FRANCE (Anatole).** Histoire de doña Maria d'Avalos et de don Fabricio, duc d'Andria, manuscrite et enluminée par Léon Lebègue. *Paris, Libr. des Bibliophiles*, 1902, pet. in-4, fig. en couleurs, mar. bleu, fil., encadr. de fleurs et feuilles en mosaïque, dos mosaïqué, dent. int., tr. dor., couverture, étui (*De Samblanx et Weckesser*).

Edition tiré à 240 exemplaires.
Un des **25** exemplaires imprimés sur **papier du Japon**, contenant les illustrations en **deux états** : en noir et en couleurs.

401. **FRANCE (Anatole).** Funérailles d'Emile Zola. Discours prononcé au cimetière Montmartre le 5 octobre 1902, par M. Anatole France. *Paris, Pelletan*, 1902, in-8, broché.

Illustrations de *Steinlen* gravées par *Froment* et *Perrichon*.

402. FRANCE (Anatole). Le Lys rouge. Compositions de A.-F. Gorguet, gravées sur bois par Desmoulins, Dutheil, Romagnol, et en couleurs par Ch. Thévenin. *Paris, Romagnol,* 1903, gr. in-8, fig., mar. vert, comp. et lis rouges en mosaïque, dos mosaïqué, dent. int., tr. dor. sur témoins, couverture, étui (*De Samblanx et Weckesser*).

Exemplaire n° 208 imprimé sur papier vélin d'Arches auquel on a ajouté la décomposition des couleurs de la petite vignette précédant le texte.

403. FRANCE (Anatole). A la lumière, ode, décorée par Bellery-Desfontaines de compositions gravées par E. Florian. *Paris, Pelletan,* 1905, in-4, broché.

Tirage à 166 exemplaires numérotés.

404. FRANCE (Anatole). Histoire comique. Pointes sèches et eaux-fortes de Edgar Chahine. *Paris, Calmann Lévy, s. d.* (1905), in-4, fig., mar. olive, fil., encadr. de feuillages et de fleurettes en mosaïque, dos mosaïqué, dent. int., tr. dor., couverture, étui (*De Samblanx et Weckesser*).

Un des **60** exemplaires imprimés sur **papier du Japon** contenant un seul état des illustrations.
Celui-ci (n° 48) est au nom de M. Auguste Michot.

405. FRANCE (Anatole). Vers les temps meilleurs. *Paris, Pelletan,* 1906, 3 vol. gr. in-16, brochés, réunis sous une enveloppe demi-mar. rouge clair, dos orné, avec étui.

Ouvrage décoré de 31 portraits dessinés par *Bellery-Desfontaines* et *A. Leroux*, gravés par *Florian, Froment* et *Perrichon*.
Un des **35** exemplaires imprimés sur **papier du Japon**.

406. FRANCE (Anatole). Vers les temps meilleurs. *Paris, Pelletan,* 1906, 3 tomes en 1 vol. gr. in-16, broché.

Même édition que ci-dessus.

407. FRANCE (Anatole). Sainte Euphrosine. Avec les illustrations et encadrements de Louis-Edouard Fournier, les eaux-fortes de E. Pennequin et les gravures sur bois de L. Marie. *Paris, Ferroud,* 1906, pet. in-4, carré, texte réimposé, mar. La Vall. clair, encadr. de fil., losange au centre, motifs aux angles, le tout semé de croix grecques, d'auréoles et attributs religieux, dos orné, 7 fil. à l'int., tr. dor. sur témoins, couverture, étui (*De Samblanx et Weckesser*).

Exemplaire n° 41 imprimé sur **Japon ancien** contenant le **tirage à part** des eaux-fortes, avec remarque et une suite hors texte des encadrements.

120 408. **FRANCE** (Anatole). Le Jongleur de Notre-Dame. Texte calligraphié, enluminé et historié par Malatesta. *Paris, Ferroud,* 1906, in-8, carré, en feuilles dans un carton demi-toile blanche, avec attaches.

Exemplaire n° 195, imprimé sur **papier du Japon**, contenant une seule suite des illustrations.

400 409. **FRANCE** (Anatole). Les Contes de Jacques Tournebroche. Illustrations de Léon Lebègue. *Paris, Calmann-Lévy, s. d.* (1908), gr. in-16, fig. en couleurs, broché.

Édition originale.
Un des **100** exemplaires imprimés sur **papier vélin d'Arches** contenant le **tirage à part** en noir des illustrations.

130 410. **FRANCE** (Anatole). Les Contes de Jacques Tournebroche. Illustrations de Léon Lebègue. *Paris, Calmann-Lévy, s. d.* (1908), pet. in-8, fig. en couleurs, broché.

Édition originale.

410 411. **FRANCE** (Anatole). Les Poèmes du Souvenir : le Lac (par A. de Lamartine). — Tristesse d'Olympio (par Victor Hugo). — Souvenir (par A. de Musset). Décorés par P.-E. Colin et P.-E. Vibert de 26 gravures originales. *Paris, Pelletan,* 1910, in-4, en feuilles dans un carton.

Un des **25** exemplaires imprimés sur **Japon ancien** contenant le **tirage à part**, en épreuves d'artiste sur **Chine**, de tous les bois.

110 412. **FRANCE** (Anatole). Aux Étudiants, discours prononcé à la maison des étudiants le samedi 28 mai 1910..., décoré de 16 gravures originales de P.-E. Vibert. *Paris, Pelletan,* 1910, pet. in-4, broché.

Exemplaire n° 40, un des **60** imprimés sur **papier du Japon**.

6.050 413. **FRANCE** (Anatole). La Rotisserie de la reine Pédauque, illustrée par Auguste Leroux de 176 compositions gravées par Duplessis, Ernest Florian, les deux Froment, Gusman et Perrichon. *Paris, Pelletan,* 1911, pet. in-4, en feuilles, dans un carton.

Un des **27** exemplaires imprimés sur **Japon ancien** renfermant **une aquarelle originale** à pleine page d'Auguste Leroux et le **tirage à part** sur **Chine** des illustrations.
Specimen de publication ajouté.

160 414. **FRANCE** (Anatole). La Caution, conte manuscrit et images

de Léon Lebègue. *Paris, Ferroud,* 1912, in-8, en feuilles, sous la couverture.

Un des **65** exemplaires imprimés sur **papier du Japon** renfermant le **tirage à part** en noir sur **Chine** des illustrations en couleurs du texte.

415. FRANCE (Anatole). Marguerite. Trente-cinq bois originaux de Siméon. *A Paris, chez André Coq,* 1920, gr. in-8, broché. 250

Edition originale.
Exemplaire imprimé sur **papier du Japon** renfermant le **tirage à part** en noir, sur **papier de Chine**, des illustrations, et le **dessin original** de la figure de la page 17.

416. GAUTIER (Théophile). Le Capitaine Fracasse. Illustré de 60 dessins de Gustave Doré. *Paris, Charpentier,* 1866, gr. in-8, fig. sur bois, dos et coins de mar. bleu, fil., dos mosaïqué, tête dor., ébarbé, couverture (*De Samblanx*).

Premier tirage des illustrations de *Gustave Doré*.
La couverture est en mauvais état et doublée.

417. GAUTIER (Théophile). Le Roi Candaule, illustré de vingt et une compositions par Paul Avril. Préface par Anatole France. *Paris, Ferroud,* 1893, in-8, mar. rouge, encadr. d'un fil. droit et fil. courbes renfermant un rang de pointillé dor., fleurs et feuilles stylisées mosaïquées aux angles, dos orné et mosaïqué, 5 fil. à l'int., tête dor., non rogné, couverture, étui (*De Samblanx et Weckesser*).

Exemplaire n° 125 imprimé sur **papier du Japon** et contenant **deux états** des illustrations dont un avant la lettre avec remarques.

418. GAUTIER (Théophile). Une Nuit de Cléopatre, illustrée de vingt et une compositions par Paul Avril. Préface par Anatole France. *Paris, Ferroud,* 1894, in-8, mar. rouge foncé, double encadr. de fil. droit, fil. courbes et pointillé, médaillons de style égyptien aux angles renfermant un lotus mosaïqué, dos orné et mosaïqué, 5 fil. à l'int., tête dor., non rogné, couverture, étui (*De Samblanx et Weckesser*).

Exemplaire n° 47 imprimé sur **papier du Japon** contenant **deux états** des illustrations dont un avant la lettre avec remarques.

419. GAUTIER (Théophile). Jean et Jeannette, illustré de vingt-quatre compositions par Ad. Lalauze. Préface par Léo Claretie. *Paris, Ferroud,* 1894, in-8, mar. rouge foncé, riche encadr. de fil., feuillages, palmes et croisillons au pointillé, fleurettes roses

mosaïquées aux angles, dos orné et mosaïqué, dent. int., doublé et gardes de soie orangée, tête dor., couverture, étui (*De Samblanx et Weckesser*).

Exemplaire n° 123 imprimé sur papier du Japon et contenant les illustrations en **deux états** dont un avant la lettre.

420. GONCOURT (Edm. et J. de). Germinie Lacerteux. Dix compositions par Jeanniot gravées à l'eau-forte par L. Muller. *Paris, Quantin*, 1886, in-8, broché.

421. GONDAR (Jacques). Chroniques françoises, publiées par F. Michel, suivies de recherches sur le style par Charles Nodier. *Paris, Janet, s. d.* (1830), in-12, fig., cartonn. de velours rouge frappé, tr. dor., dans un étui de mar. brun à longs grains, fil. et comp. dor. (*Rel. de l'époque*).

Exemplaire avec les 4 figures, les lettres ornées et les encadrements coloriés et rehaussés d'or.

422. GOURMONT (Rémy de). Litanies de la Rose, ouvrage illustré et décoré par André Domin. *Paris, René Kieffer*, 1919, in-16, broché.

Première édition illustrée, ornée de figures en couleurs en regard du texte, avec encadrement sur fond doré à chaque page.

Un des 50 exemplaires imprimés sur **papier du Japon** contenant une suite au trait, sur Japon pelure, des illustrations.

423. GRANDVILLE. Les Fleurs animées. Introduction par Alph. Karr, texte par Taxile Delord. *Paris, De Gonet, s. d.*, 2 vol. gr. in-8, 2 frontispices et 50 pl. gr. sur acier et coloriées, toile bleue, plaques or et en couleurs, tr. dor. (*Cartonn. de l'éditeur*).

424. IRVING (Washington). Rip Van Winkle. Illustré par Arthur Rackham. *Paris, Hachette*, 1906, in-4, fig. en couleurs, cartonn. de l'éditeur en vélin blanc, tête dor., non rogné.

Edition de luxe tirée à 200 exemplaires numérotés sur **papier Whatman**.

425. JULLIEN (Adolphe). Richard Wagner, sa vie et ses œuvres. Ouvrage orné de quatorze lithographies originales par M. Fantin-Latour, de quinze portraits de Richard Wagner, de quatre eaux-fortes et de 120 gravures. *Paris, Librairie de l'Art, J. Rouam*, 1886, in-4, fig., dos et coins de mar. marbré, dos orné, tête dor., ébarbé (*Couvert.*).

Volume recherché.

426. KHAYYAM (Omar). Rubáiyát rendered into english verse by Edward Fitzgerald, With illustrations by Edmund Dulac. *London, Hodder and Stoughton, s. d.*, in-4, cartonn. toile blanche, encadr. et titre tirés en or sur le premier plat, ébarbé (*Cartonn. des éditeurs*).

20 planches en couleurs fixées sur Japon.

427. LECONTE DE LISLE. Les Erynnyes, tragédie antique, illustrée des compositions et gravures à l'eau-forte de François Kupka. *Paris, Romagnol, s. d.* (1908), gr. in-8, fig., mar. noir, décoration de style grec en mosaïque de mar. brun et blanc, dos mosaïqué, doublé de mar. La Vall., médaillon mosaïqué encadrant un motif en veau fauve repoussé, gardes de soie brochée, tr. dor. sur témoins, couverture, étui.

Un des 50 exemplaires imprimés sur **papier du Japon** contenant les illustrations en **trois états**, dont l'**eau-forte pure** et le **tirage à part** des vignettes en couleurs.

428. MADOU. Scènes de la vie des peintres de l'école flamande et hollandaise, par Madou. *Bruxelles, Dewasme*, 1842, gr. in-fol., pl., mar. grenat, fil. et comp. à la Du Seuil, dos orné, dent. int., tête dor., ébarbé (*De Samblanx et J. Weckesser*).

20 planches lithographiées par *Madou* et tirées sur Chine ; vignettes sur bois dans le texte.

429. **MAETERLINCK** (Maurice). La Vie des Abeilles. Ouvrage orné de compositions en couleurs par Carlos Schwabe, reproduites et tirées sur les presses à bras de l'Imprimerie G. Bataille. *Paris, Société des Amis du Livre moderne*, 1908, pet. in-4, fig. en couleurs, mar. La Vall., décoration de compart. de fleurs et d'abeilles en mosaïque, dos mosaïqué, doublé de mar. gris, grande tige de glycine et de feuillage en mosaïque sertie à froid, gardes de moire verte, tr. dor. sur témoins, couverture, étui (*De Samblanx*).

Tirage unique à 150 exemplaires tous sur papier vélin.
Exemplaire n° 40, auquel on a ajouté :
1° — Une **aquarelle originale** de **Carlos Schwabe**, reproduite à la page 117.
2° — La **décomposition** d'une des planches en couleurs du volume.

430. MAETERLINCK (Maurice). Pelléas et Mélisande. Illustrations de Fernand Khnopff. *Bruxelles, Edition de la Soc. de Bibliophiles « Les Cinquante »*, 1920, pet. in-4, fig. en couleurs,

en feuilles sous la couverture, dans un carton demi-toile bleue, avec étui.

Tiré à 55 exemplaires imprimés sur **papier du Japon** ; celui-ci (n° 19) est au nom de M. Auguste Michot.

431. **MAROT** (Clément). Ballades, rondeaux et chansons. Eaux-fortes en couleurs et bois dessinés et gravés par Georges Bruyer. *Paris, Blaizot*, 1910, gr. in-8, en feuilles, dans un carton demi-toile blanche, étui.

Exemplaire n° 12, imprimé sur **papier du Japon** contenant **trois états** des illustrations dont l'**eau-forte pure**, le **tirage à part** sur Japon pelure des ornements gravés sur bois, et **une aquarelle originale** à pleine page de *Georges Bruyer*.

432. **MÉRY** (Joseph). Perles et Parures, fantaisies par Gavarni. Minéralogie des Dames (et Histoire de la Mode) par le comte Foelix. *Paris, de Gonet ; Martinon ; Vve Janet, s. d.* (1850), 2 vol. gr. in-8, 2 front. et 31 pl. gr. sur acier, percaline bleue, plaques or et couleurs, tr. dor. (*Cartonn. des éditeurs*).

Premier tirage.
Exemplaire contenant les 31 planches *coloriées* et entourées de papier découpé en dentelles.

433. **PELLICO** (Silvio). Mes Prisons, suivi des Devoirs des hommes. Traduction nouvelle, par le comte H. de Messey .. Edition illustrée d'après les dessins de MM. Gérard Séguin, D'Aubigny, Steinheil, etc., etc. *Paris, Delloye ; Garnier frères*, 1844, gr. in-8, frontispice, portrait et nombr. fig. sur acier, toile bleue, fers dorés et à froid, tr. dor. (*Cartonn. des éditeurs*).

Premier tirage.

434. **PERRAULT** (Charles). Contes du temps passé, précédés d'une notice littéraire par M. E. de La Bédollière. Illustrés par MM. Pauquet, Marvy, Jeanron, Jacques et Beaucé. Texte gravé par M. Blanchard. *Paris, Curmer*, 1843, gr. in-8, 10 front. et nombr. vign. mar. violet, large encadrement de 2 pet. dent. à froid et de petits motifs, trèfles et pet. médaillons de mar. de div. couleurs, grand milieu goth. avec coins et rosace de mar. de div. couleurs, doublé de veau bleu clair avec encadrement doré et mosaïqué, gardes de moire, tr. dor., dans un étui (*De Samblanx*).

Premier tirage de ce beau livre entièrement gravé et orné de vignettes à chaque page.
Très riche reliure mosaïquée.

435. PERRAULT (Charles). Contes, illustrés par Grandville, Gérard-Séguin, Gigoux, Lorents (*sic*), Gavarni et Bertall. *Paris, E. Blanchard*, 1851, pet. in-8, broché.

PREMIER TIRAGE des illustrations.

436. RABELAIS (François). Les Cinq Livres, publiés avec des variantes et un glossaire par P. Chéron, et ornés de onze eaux-fortes par E. Boilvin. *Paris, Libr. des Bibliophiles*, 1876-1877, 5 vol. in-8, portrait et fig., dos et coins de mar. grenat, fil., dos ornés, têt. dor., ébarbés, couvertures (*De Samblanx*).

Un des **170** exemplaires imprimés sur **grand papier de Hollande.**

437. RENAN (Ernest). Ma Sœur Henriette. Avec illustrations d'après Henri Scheffer et Ary Renan, reproduites par l'héliogravure. (*Paris*), *Calmann Lévy*, 1895, pet. in-8, fig., dos et coins de mar. La Vall., fil. à froid, tête dor., non rogné (*Couvert.*).

Première édition illustrée.

438. RENARD (Jules). Ragotte. Illustrations et gravures de Malo Renault. *Paris, Romagnol, s. d.* (1909), gr. in-8, broché.

Exemplaire n° 16 imprimé sur **papier du Japon** contenant **trois états** des illustrations dont l'**eau-forte pure.**
Seconde épreuve du portrait sur Chine, ajoutée.

439. **SABBE** (Maurits). Een mei van Vroomheid. *Bussum, Van Dishoeck*, 1909, in-4, mar. gris, riches comp. mosaïqués sur le dos et les plats, doublé de mar. avec mosaïque à répétition, gardes de moire bleue, tr. dor., étui (*De Samblanx*).

Exemplaire **unique**, imprimé pour M. Auguste Michot, et enrichi de **cent et une aquarelles originales d'Albert Gheudens**, hors texte ou entourant chaque page.
BEAU LIVRE recouvert d'une jolie et très riche reliure dans le style romantique.

440. SAINT-PIERRE (Bernardin de). Paul et Virginie. *Paris, Curmer, 25, rue Sainte-Anne*, 1838, gr. in-8, fig. et vign. gr. sur bois, mar. grenat à longs grains, encadrement de fil., de fleurs et d'oiseaux sur les plats, dos orné, fil. int., tr. dor. (*Crabbe*).

Exemplaire de PREMIER TIRAGE avec le portrait de l'auteur, mais sans les six autres portraits gravés sur acier. Ces portraits, dont celui du Docteur par *Meissonier*, ont été placés dans un portefeuille de cuir grenat qui accompagne le volume.

441. **SHAKESPEARE.** Comedy of Twelfth Night, or What you will, with illustrations by W. Heath Robinson. *London, Hodder & Stoughton, s. d.*, in-4, fig. en couleurs, cartonn. de l'éditeur en vélin blanc, tête dor., non rogné.

Edition tirée à 350 exemplaires.

442. **SHAKESPEARE.** Shakespeare's comedy. As you like it, with illustrations by Hugh Thomson. *London, Hodder et Stoughton, s. d.*, pet. in-4, cartonn. vélin blanc, le premier plat orné d'une composition et du titre tirés en or, non rogné, avec attaches, étui (*Rel. des éditeurs*).

Edition imprimée sur papier vélin ornée de planches en couleurs fixées sur bristol.

443. **SHAKESPEARE.** Le Songe d'une nuit d'été, illustré par Arthur Rackham. *Paris, Hachette et Cie*, 1909, in-4, pl. en couleurs fixées sur papier teinté, cartonn. vélin ivoire, le premier plat orné d'une vignette et du titre tirés en or, non rogné, avec attaches, étui (*Rel. des éditeurs*).

Un des 30 exemplaires imprimés sur **papier du Japon**, signés par l'artiste.

444. **THACKERAY (W.-M.).** Vanity Fair, a Novel without a Hero, with illustrations on steel and wood by the author. *London, Bradbury and Evans*, 1848, in-8, fig. et vign. veau fauve, fil., dos orné, dent. int., tête dor., ébarbé, étui.

Frontispice, titre et 38 figures sur acier et nombreuses vignettes sur bois, le tout gravé d'après les dessins de l'auteur.

445. **THACKERAY (W.-M.).** The History of Pendennis, his fortunes and misfortunes, his friends and his greatest enemy. With illustrations on steel and wood by the author. *London, Bradbury and Evans*, 1849-1850, 2 vol. in-8, fig. et vign. veau fauve, fil., dos ornés, dent. int., tr. dor.

2 titres et 48 figures sur acier et nombreuses vignettes sur bois, le tout gravé d'après les dessins de l'auteur.

446. **THEOCRITE.** L'Oaristys. Texte grec et traduction de M. André Bellessort. Précédée d'une lettre de Sicile par M. Anatole France. Illustrations de Georges Bellenger, gravées par E. Froment. *Paris, Edouard Pelletan*, 1896, gr. in-8, dos et coins mar. bleu clair, fil., dos orné d'une double grecque, tête dor., non rogné, couverture (*Champs*).

Exemplaire n° 213 imprimé sur papier vélin du Marais.

447. VENIUS (Otto). Album amicorum. Reproduction intégrale en fac-similé, avec introduction, transcription, traduction, notes, par J. Van den Gheyn. *Bruxelles, Imprimé pour la Société des Bibliophiles et Iconophiles de Belgique*, 1911, in-8, fac-similés, fig. et pl. en couleurs, vélin à recouvr., milieu doré, non rog., attaches (*De Samblanx*).

Ouvrage tiré à 200 exemplaires numérotés.
Un des 116 exemplaires de sociétaires, sur papier d'Arches (n° 78), au nom de M. Auguste Michot, avec le tirage des planches en couleurs sur papier du Japon.

448. VERHAEREN. Rembrandt, biographie critique illustrée de vingt-quatre reproductions hors texte. *Paris, Henri Laurens, s. d.* (1904), in-8, broché, sous une enveloppe demi-vélin blanc, dos orné, avec étui.

Edition originale.
Un des **30** exemplaires imprimés sur **papier du Japon.**

449. VERHAEREN (Emile). James Ensor. *Bruxelles, G. Van Oest et Cie*, 1908, pet. in 4, texte réimposé, broché.

Ouvrage orné d'un portrait et 34 reproductions hors texte.
Un des **50** exemplaires imprimés sur **papier du Japon** enrichis de deux eaux-fortes originales de *James Ensor*.

450. VERHAEREN (Emile). Les Villages illusoires. Avec 15 gravures à l'eau-forte par Henry Ramah. *Leipzig, Insel-Verlag*, 1913, in-4, fig., mar. rouge, milieu doré, fil. int., tête dor., non rogné.

Edition tirée à 230 exemplaires.
Un des **30** exemplaires imprimés sur **papier du Japon**, avec les eaux-fortes portant la signature autographe de l'artiste.

451. VERHAEREN (Emile). Toute la Flandre. La Guirlande des dunes. Bois d'Albert Delstanche. *Bruxelles, Editions de la Soc. de Bibliophiles « Les Cinquante »*, 1921, in-4, en feuilles dans un carton à recouvr., avec étui.

Tirage à 55 exemplaires sur papier du Japon ; celui-ci est au nom de M. Auguste Michot.

452. WAGNER (Richard). The Rhinegold & the Walkyrie. — Siegfried and the Twilight of the Gods, with illustrations by Arthur Rackham. Translated by Margaret Armour. *London, W. Heinemann*, 1910-1911, 2 vol. pet. in-4, 64 pl. en couleurs fixées sur bristol, cartonn. toile fauve, titre illustré tiré en or sur le premier plat, ébarbés (*Cartonn. de l'éditeur*).

C. — LIVRES MODERNES DANS TOUS LES GENRES

453. ASSELINEAU (Charles). Mélanges tirés d'une petite bibliothèque romantique. Bibliographie anecdotique et pittoresque des éditions originales des œuvres de Victor Hugo, Alexandre Dumas, Théophile Gautier, Petrus Borel, Alfred de Vigny, Prosper Mérimée, etc., etc., etc. Illustrés d'un frontispice à l'eau-forte de Célestin Nanteuil et de vers de MM. Théodore de Banville et Charles Baudelaire. *Paris, Pincebourde*, 1866, pet. in-8, dos et coins de mar. blanc, fil., dos orné, tête dor. non rogné (*De Samblanx*).

Edition originale.
Un des 15 exemplaires imprimés sur **papier chamois**, contenant le frontispice de *Célestin Nanteuil* en triple état.
On y a ajouté les portraits de Th. de Banville, Ch. Baudelaire, Tony Johannot, P. Mérimée, Ch. Nodier, A. de Vigny et de Mme Louise Colet.

454. AUBIGNÉ (Agrippa d'). Œuvres complètes, publiées pour la première fois d'après les manuscrits originaux, accompagnées de notices biographique, littéraire et bibliographique, de variantes, d'un commentaire, d'une table des noms propres et d'un glossaire, par Eug. Réaume et F. de Caussade. *Paris, Lemerre*, 1873-1892, 6 vol. in-8, cartonn. dos et coins de mar. grenat, fil. dos ornés, têt. dor., non rognés (*Guétant*).

Un des 150 exemplaires imprimés sur **papier de Hollande**.

455. BANVILLE (Théodore de). Poésies. *Paris, Lemerre*, 1873-1875, 5 vol. pet. in-12, demi-rel. mar. bleu, têt. jasp., non rognés.

Les Stalactites. — Odes funambulesques. — Le Sang de la Coupe. — Les Exilés. Les Princesses. — Occidentales.

456. BÉNÉZIT (E.). Dictionnaire des peintres, sculpteurs, dessinateurs et graveurs. *Paris, Roger et Chernoviz*, 1911-1913, 2 forts vol. in-8, texte sur 2 colonnes, fig., brochés.

457. BHADABHUTY. Le Drame sacré de l'Inde. Rama, intitulé : Le Dénouement de l'histoire de Rama, mis en français par

Pierre d'Alheim. *Bois-le-Roi,* 1906, in-8, carré, texte autographié, broché.

Exemplaire n° 7, imprimé sur **papier du Japon**, offert à M. Michot par *un envoi autographe* de Pierre d'Alheim.

458. BIBLE MORALISÉE (La), conservée à Oxford, Paris et Londres. Reproduction intégrale du manuscrit du XIIIe siècle, accompagnée d'une notice par le comte A. de Laborde. *Paris, pour les membres de la Société,* 1911-1913, 3 vol. in-fol., en feuilles, dans des cartons.

Belle publication de la Société de reproductions de manuscrits à peintures.
Tomes I à III renfermant 560 planches en phototypie.

459. BIBLIOPHILE FRANÇAIS (Le). Gazette illustrée des amateurs de livres, d'estampes et de haute curiosité. *Paris, Bachelin-Deflorenne,* 1868-1873, 7 vol. gr. in-8, pap. vergé, portraits et nombr. reproductions de reliures, dos et coins de veau fauve, têt. dor., ébarbés, couvertures (*De Samblanx*).

BEL EXEMPLAIRE.

460. CHODERLOS DE LACLOS. Les Liaisons dangereuses. Edition publiée d'après le texte original précédée d'une étude sur Choderlos de Laclos et suivie d'une bibliographie par Ad. Van Bever. *Paris, Crès et Cie,* 1919, 2 vol. in-12, portraits, brochés.

De la Collection : *Les Maîtres du Livre.*

461. COHEN (Henri). Guide de l'amateur de livres à gravures du XVIIIe siècle. Sixième édition revue, corrigée et considérablement augmentée par Seymour de Ricci. *Paris, Rouquette,* 1912, 2 vol. in-8, à 2 col., fig., dos et coins de mar rouge, fil., dos ornés, têt. dor., non rognés (*Couvert.*).

Un des **50** exemplaires imprimés sur **papier de Hollande**, avec les figures en **deux états** dont un AVANT la lettre.
Petites éraflures au second plat de la reliure du premier volume.

462. FABRE (J.-H.). Souvenirs entomologiques, études sur l'instinct et les mœurs des insectes. *Paris, Ch. Delagrave, s. d.,* 9 vol. in-8, brochés.

Séries II à X.
Incomplet du tome I.

463. FOUCQUET (Jehan). Heures de maistre Estienne Chevalier. Texte restitué par M. l'abbé Delaunay. *Paris, Curmer,* 1866-

1867, 2 vol. in-4 dont un de texte et l'autre de pl. en chromolithog., mar. rouge, encadr. fleurdelisé, comp. de dentelles, dos orné, encadr. int. de mar. doublé et gardes de moire verte, tr. dor. (*Capé. Masson-Debonnelle S^r*).

Belle reproduction de ce célèbre manuscrit, chef-d'œuvre de l'école tourangelle.

464. GRIMM. Diderot, Raynal, Meister, etc. Correspondance littéraire, philosophique et critique, revue sur les textes originaux... Notices, notes, table générale par Maurice Tourneux. *Paris, Garnier*, 1877-1882, 16 vol. gr. in-8, dos et coins de mar. brun, fil., dos ornés, têt. dor., non rognés, couvertures (*David*).

Bel exemplaire, un des 400 imprimés sur **papier de Hollande.**

465. GOTTLIEB (Theodor). K. K. Hofbibliothek. Bucheinbände auswahl von technisch und geschichtlich bemerkenswerten stücken. *Wien, Schroll, s. d.*, gr. in-4, pl., dos et coins de mar. brun, fil., dos orné de fleurettes mosaïquées, tête dor., ébarbé.

100 planches en couleurs reproduisant les plus remarquables reliures de la Bibliothèque impériale de Vienne.

466. HEURES A L'USAGE D'ANGERS de la Collection Martin Le Roy, reproduction des plus belles miniatures d'un manuscrit du xve siècle accompagnée d'une notice par le Comte Paul Durrieu. *Paris*, 1912, in-4, 20 pl. hors texte, en feuilles dans un carton.

Publication de la « Société française de reproductions de manuscrits à peintures ».

On y a joint le Bulletin de cette Société depuis son origine 1911 jusqu'en 1920 soit 14 fasc. in-4, dont 7 de texte et 7 de planches, étude et reproduction des plus beaux manuscrits des bibliothèques françaises et étrangères.

Les années 1912-1913 sont en double. Ens. 22 fasc.

467. HUGO (Victor). Œuvres complètes. Nouvelle édition illustrée. *Paris, Ollendorff, s. d.*, 19 vol. gr. in-8 à 2 col., fig., demi-rel. chag. rouge, plats toile, dos ornés, tr. jasp.

468. LA FONTAINE. Œuvres. Nouvelle édition, augmentée de variantes, de notices, de notes, par Henri Regnier. *Paris, Hachette*, 1883-1892, 11 vol. et 1 album gr. in-8, cartonn., dos de toile brune, non rognés (*Couvert.*).

De la collection *Les Grands Ecrivains de la France*.
Exemplaire numéroté imprimé sur **papier vélin.**

469. LAMARTINE. Méditations poétiques. Nouvelle édition publiée d'après les manuscrits et les éditions originales, avec des variantes, une introduction, des notices et des notes par Gustave Lanson. *Paris, Hachette,* 1915, 2 vol. gr. in-8, brochés.

De la collection *Les Grands Ecrivains de la France.*
Exemplaire imprimé sur **papier vélin.**

470. LAVISSE (Ernest). Histoire de France depuis les origines jusqu'à la Révolution. *Paris, Hachette,* 1900-1911, 9 tomes en 18 vol. in-8 carré, dont 14 dos et coins de veau racine, dos fleurdelisé, têt. jaspées, ébarbés, couvertures, et 4 en livraisons.

On y a ajouté la suite des gravures et les tables, dans deux cartons dos de toile bleue.

471. LE SAGE. Le Diable boiteux. Avec une notice par M. Anatole France. *Paris, Lemerre,* 1878, 2 vol. pet. in-12, demi-rel. mar. La Vall., dos ornés, têt. dor., non rognés (*Champs*).

472. LIGNE (Prince de). Colette et Lucas, comédie en un acte, mêlée d'ariettes. Fac-similé de l'imprimé de MDCCLXXXI, *chez l'Auteur, à Belœil.* Avec une introduction par Félicien Leuridant. *Bruxelles, Société des Bibliophiles et Iconophiles de Belgique,* 1914, pet. in-8 carré, portr., cartonn. mar. rouge, plaque dor. sur le premier plat, non rogné.

Edition tirée à 200 exemplaires numérotés.
Un des 130 exemplaires de sociétaires sur papier Van Gelder (nº 88), au nom de M. Auguste Michot, avec les trois portraits en **deux états.**

473. MACAULAY. The Works complete, edited by his sister lady Trevelyan. *London, Longmans, Green & Cº,* 1879, 8 vol. in-8, portrait, mar. La Vall. jans., dent. int., tr. dor. (*Zaehnsdorf*).

Bel exemplaire.

474. MALHERBE. Œuvres complètes, recueillies et annotées par M. L. Lalanne. *Paris, Hachette,* 1862-1869, 5 vol. et 1 album gr. in-8, cartonn. dos de toile brune, non rognés (*Couvert.*).

De la collection *Les Grands Ecrivains de la France.*
Exemplaire numéroté imprimé sur **papier vélin.**

475. MORALITÉ de la Vendition de Joseph, à quarante-neuf per-

sonnages. *A Paris, chez Silvestre*, 1835. Pet. in-folio, format agenda, cartonné, non rogné.

Un des 4 exemplaires imprimés sur PEAU DE VÉLIN.
Réimpression fac-simile, à 90 exemplaires seulement, de l'édition originale. Paris, Pierre Sergent, s. d.

476. **MORALITÉ** de Mundus, Caro, Demonia. Farce des Deux Savetiers. *Paris, de l'imprimerie de Firmin-Didot*, 1827. Pet. in-fol., format agenda, dos et coins mar.-bleu, non rogné.

Un des 4 exemplaires imprimés sur PEAU DE VÉLIN.
Réimpression fac-simile, à 100 exemplaires seulement, de l'édition originale.

477. **MORALITÉ** des Blasphémateurs de Dieu, à dix-sept personnages. *A Paris, chez Silvestre*, 1831. Pet. in-folio, format agenda, cartonné, non rogné.

Un des 4 exemplaires imprimés sur PEAU DE VÉLIN.
Réimpression fac-simile, à 90 exemplaires seulement, de l'édition originale, Paris, Pierre Sergent, s. d.

478. **MUSSET** (Alfred de). Œuvres. *Paris, Lemerre*, 1884-1895, 10 vol. in-4, dos et coins de mar. bleu, fil., dos ornés, non rognés, couvertures (*De Samblanx*).

BEL EXEMPLAIRE auquel on a ajouté :
1° — La suite des 42 eaux-fortes d'*Henri Pille*, publiée par le même éditeur.
2° — La suite des 60 eaux-fortes d'*Adolphe Lalauze* d'après *Eugène Lami*, en épreuves du **premier état sur papier du Japon.**

479. **PASCAL**. Œuvres. Nouvelle édition d'après les manuscrits autographes, avec des notes par M. Prosper Faugère (et M. Léon Brunschwigg). *Paris, Hachette*, 1886-1904, 5 vol. gr. in-8, cartonn. dos de toile brune, non rognés (*Couvert.*).

De la collection *Les Grands Ecrivains de la France*.
Exemplaire numéroté imprimé sur **papier vélin.**

480. **PETIT DE JULLEVILLE**. Histoire de la Langue et de la Littérature française des origines à 1900. *Paris, Armand Colin*, 1896-1899, 8 vol. gr. in-8, dos et coins de mar. brun, têt. jasp., ébarbés (*Couvert.*).

481. **PIEDAGNEL** (Alexandre). J.-F. Millet. Souvenirs de Barbizon. *Paris, Vve A. Cadart*, 1876, in-8, papier vergé de Hollande, broché.

Portrait et 9 eaux-fortes par *Charles Beauverie*, *Maxime Lalanne*,

Ad. Lalauze, Piguet, Félicien Rops, Saint-Raymond et *Alfred Taiée*. *Hommage autographe* de l'auteur « à un critique excellent et bienveillant, Francisque Sarcey. »

482. PLATON. Œuvres, traduites par Victor Cousin. *Paris, Rey*, 1840-1852, 13 vol. in-8, demi-rel. chag. vert, tr. jasp.

Excellente traduction, très recherchée.
Piqûres d'humidité.

483. PLEIADE FRANÇOISE (La). *Paris, Lemerre*, 1866-1890, 12 vol. in-8, pap. de Hollande, dos et coins de mar. brun, têt. dor., ébarbés, couvertures.

J.-A. de Baïf; 5 vol. — J. du Bellay; 2 vol. — Remy Belleau; 2 vol. — Jodelle; 2 vol. — Jean Dorat et Pontus de Tyard.
Collection tirée à 250 exemplaires numérotés.

484. RACINE (J.). Œuvres. Nouvelle édition revue sur les plus anciennes impressions et les autographes et augmentée de morceaux inédits, des variantes, de notices, par M. Paul Mesnard. *Paris, Hachette*, 1862-1873, 8 vol. et 2 albums gr. in-8, cartonn. dos de toile brune, non rognés (*Couvert.*).

De la collection *Les Grands Ecrivains de la France*.
Exemplaire numéroté imprimé sur **papier vélin**.

485. TAINE. Les Origines de la France contemporaine. *Paris, Hachette*, 1888-1898, 6 vol. in-8, dos et coins de veau fauve, têt. jasp., non rognés.

486. VECELLIO (César). Corona delle nobili et virtuose donne, nel quale si dimostra in varii dissegni molte sorti di mostre di punti in aria, punti tagliati, punti a reticello... *Venetia, Vecellio*, 1592-1608, 4 parties en 1 vol. in-4 oblong, nombr. pl. de dentelles, broché.

Réimpression moderne renfermant la quatrième partie intitulée *Gioiello della Corona*.

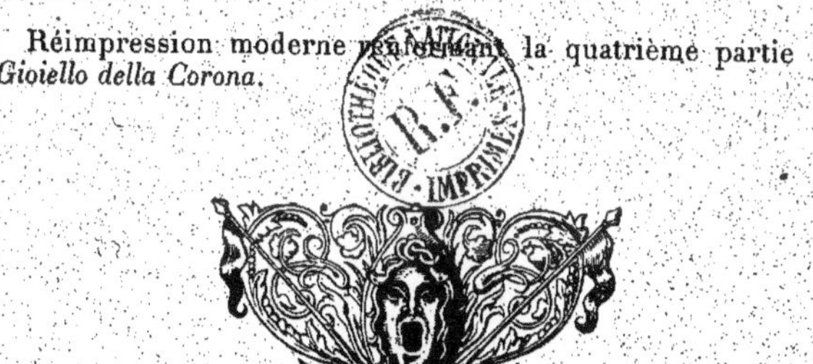

ORDRE DES VACATIONS

Première vacation. — Lundi 12 décembre 1921

Livres anciens.	n°s 1 à 98
Livres modernes. Éditions originales. . . .	99 à 175

Deuxième vacation. — Mardi 13 décembre 1921

Livres modernes. Éditions originales. . . .	n°s 176 à 335

Troisième vacation. — Mercredi 14 décembre 1921

Livres modernes. Éditions originales. . . .	n°s 336 à 365
Livres illustrés.	440 à 452
Livres dans tous les genres.	453 à 486
Livres illustrés.	366 à 439

CHARTRES. — IMPRIMERIE DURAND, RUE FULBERT.

www.ingramcontent.com/pod-product-compliance
Lightning Source LLC
LaVergne TN
LVHW010617110826
845149LV00003B/953